Leitfaden für Gießereilaboratorien

Von

Dr.-Ing. e. h. Bernhard Osann

Geh. Bergrat. Ord. Professor an der Bergakademie Clausthal i. R.

Ehrenmitglied des Vereins deutscher Gießereifachleute

Dritte, durchgesehene Auflage

Mit 12 Abbildungen im Text

Springer-Verlag Berlin Heidelberg GmbH

1928

Ursprünglich erschienen bei Julius Springer in Berlin 1915

ISBN 978-3-662-35630-2 ISBN 978-3-662-36460-4 (eBook)
DOI 10.1007/978-3-662-36460-4

Vorwort zur zweiten Auflage.

Wie im Vorwort der ersten Auflage gesagt, ist das Buch für die Praxis, für das Selbststudium und für den Gebrauch an einschlägigen Hochschulen, Hüttenschulen und Maschinenbauschulen geschrieben, um der Ausbildung und Heranbildung von Gießereifachleuten zu dienen.

Das Buch verdankt den Ferienkursen, die der Verfasser im Verlaufe der vergangenen 17 Jahre abgehalten hat, seine Entstehung, wenn auch einige Gebiete bei der jetzigen Fassung darüber hinausgreifen. Es ist das Ziel des Verfassers gewesen, in erster Linie solchen Gießereiingenieuren zu dienen, die nicht eine hüttenmännische Ausbildung genossen haben und der chemischen Seite des Gießereiwesens fremd gegenüberstehen. Der Erfolg der Ferienkurse beweist deutlich, daß diese Lücke auch in späteren Jahren ausgefüllt werden kann.

In dieser Erwägung ist das Buch allgemeinverständlich geschrieben. Es durften nicht umfangreiche chemische Kenntnisse vorausgesetzt werden. Der erste Teil gibt die Reihenfolge der Handgriffe und Reaktionen ohne nähere Erläuterung an. In dem zweiten Teil sind die chemischen Vorgänge erörtert, und in dem dritten Teil, der beim Arbeiten im Laboratorium am besten vorweggelesen wird, allgemeingültige Anweisungen über Filtereinsetzen, Auswaschen, Behandlung von Büretten, Tiegeln usw. gegeben. Diese Dreiteilung hat sich bei den Ferienkursen ausgezeichnet bewährt.

Möglicherweise wird von dem einen oder anderen Leser die Frage gestellt, warum so verwickelte Bestimmungen, wie die Untersuchung der Kupolofenschlacke, die Bestimmung des Chroms, des Nickels, des Kupfers usw in diese Neuauflage geraten sind. Diese Bestimmungen gehören heute zu den Tagesaufgaben eines Gießereilaboratoriums; denn auch die letztgenannten Eisenbegleiter erscheinen bei Gußeisen und noch mehr bei Stahlformguß. Tatsächlich hatten auch die Teilnehmer der Ferienkurse Interesse für solche Bestimmungen, und es bildete sich am Schluß der Ferienkurse immer ein allerdings beschränkter Kreis von Teilnehmern, die auch diese Bestimmungen im Laboratorium durchgeführt haben.

Die Untersuchung einer einfachen Metallegierung ist in Rücksicht auf die Betriebsleiter der Metallgießereien eingefügt. Es gilt das eben Gesagte auch für sie.

Gegenüber der ersten Auflage ist der Umfang des Buches bedeutend erweitert. Abgesehen davon, sind die einzelnen Bestimmungen alle kritisch durchdacht und auf Grund der im eisenhüttenmännischen Laboratorium des Verfassers gemachten Erfahrungen abgeändert. Es mußte auch den neuzeitlichen wirtschaftlichen Verhältnissen dadurch Rechnung getragen werden, daß der Platintiegel durch den Eisentiegel ersetzt wurde.

Clausthal, im November 1923.

Bernhard Osann.

Vorwort zur dritten Auflage.

Der Umfang des Buches ist geblieben. Es wurden nur Änderungen eingefügt, die sich im Zusammenhang mit den Erfahrungen bei der Benutzung des Buches als notwendig erwiesen hatten. Es gilt dies besonders von der Mangan- und Phosphorbestimmung und von der Beschreibung der Probenahme.

Clausthal, im Oktober 1928.

Bernhard Osann.

Inhaltsverzeichnis.

I. Beschreibung der einzelnen Verfahren.

1. Titerstellung mit Eisenoxyd.

Man wägt 0,5 g chemisch reines Fe_2O_3[1] ab, trägt es in einen Erlenmeyerkolben von etwa 15 cm Höhe ein, fügt 25 ccm Salzsäure (1,19) hinzu und löst auf dem Sandbade unter dem Abzuge. Wenn alles gelöst ist, nimmt man den Kolben vom Sandbade, erhitzt bis zum eben beginnenden Sieden über der Flamme, zieht dann die Flamme fort und reduziert unter Umschütteln mit Zinnchlorürlösung[2], die man tropfenweise (am besten aus einem Tropfglase) einträgt, bis die Lösung vollständig farblos wird. Ein größerer Überschuß ist zu vermeiden. Nunmehr füllt man den Kolben mit kaltem Wasser auf und gibt 10 ccm Quecksilberchloridlösung[3] zu.

Ist richtig gearbeitet, so ist die Lösung ein ganz klein wenig weißlich trübe. Es ist dann ein kleiner Überschuß von Zinnchlorür vorhanden, der einen Niederschlag erzeugt hat.

Die Lösung gießt man in eine große Schale, verdünnt mit 1 l Leitungswasser und fügt noch 60 ccm Mangansulfatlösung[4] hinzu.

---

[1] Ferrumoxydatum für Analyse nach L. Brandt bei E. Merck in Darmstadt, mit Angabe des Fe- oder Fe_2O_3-Gehalts zu beziehen.

[2] Man löst 24 g reines Zinn (Bankazinn, als Zinngranalien u. a. bei Merck käuflich) mit 100 ccm Salzsäure (1,12) in einem Erlenmeyerkolben, der etwa 750 ccm faßt, auf dem Wasserbade bei eingehängtem Trichter, Nach Aufhören der Gasentwickelung gießt man die Lösung von dem noch vorhandenen ungelösten Zinn ab, in eine Flasche, die 600 ccm verdünnte Salzsäure enthält, welche aus 200 ccm HCl (1,12) und 400 ccm Wasser hergestellt ist. Die Lösung, die nur als Reduktionsmitttel dient, bewahrt man in dieser Stöpselflasche auf.

[3] Quecksilberchloridlösung = Sublimatlösung (giftig). 50 g Quecksilberchlorid in 1 l Wasser. Filtrieren. Beim Abwägen benutze man ein Uhrglas und einen Glaslöffel.

[4] Mangansulfatlösung: 200 g Mangansulfat in 1 l kochendem Wasser lösen. Nach dem Lösen filtrieren und eine Mischung von 400 ccm gew. Schwefelsäure (1,40) und 600 ccm Phosphorsäurelösung (1,3) und 1000 ccm Wasser zusetzen.

Nun titriert man mit Chamäleonlösung[1], d. h. man läßt eine Lösung von Kaliumpermanganat (übermangansaures Kali) aus einer Bürette bis zur Rosafärbung einfließen. Aus Ersparnisrücksichten verwendet man nicht destilliertes Wasser, sondern Leitungswasser. Um seine organischen Bestandteile unschädlich zu machen, läßt man vor dem Eingießen der Eisenlösung Chamäleonlösung aus der Bürette in das Wasser einfließen, bis eine schwache Rosafärbung entsteht — dieselbe Rosafärbung, die man hernach beim Titrieren erreicht.

Titerberechnung.

Einwage 0,5 g Ferrumoxydatum mit z. B. 69,04% Fe entsprechend 0,3452 g Fe. Sind z. B. 36,5 ccm Chamäleonlösung verbraucht, so entspricht 1 ccm dieser Lösung

$$\frac{0{,}3452}{36{,}5} = 0{,}009\,458 \text{ g Eisen}.$$

2. Siliziumbestimmung im grauen und weißen Roheisen und schmiedbaren Eisen.

Nach dem Auflösen und Oxydieren verbleibt SiO_2 und Graphit als unlöslicher Rückstand. Man bestimmt die Gewichtsmenge der SiO_2, nachdem man den Graphit verbrannt hat.

Man löst unter dem Abzuge 2 g Probegut (vgl. unter Probenahme im Ab-

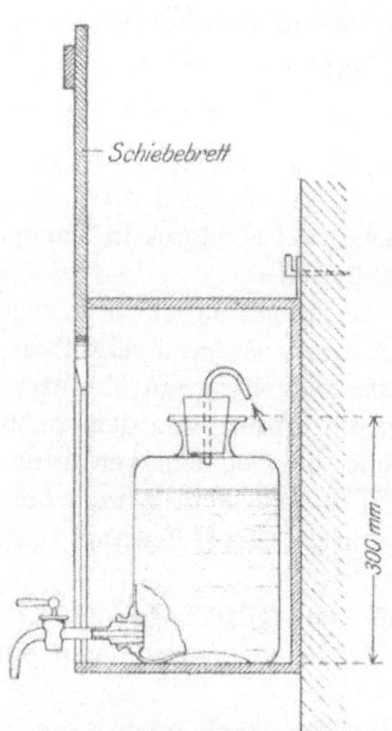

Abb. 1. Tubusflasche zum Aufbewahren von Chamäleon- und Molybdatlösung in einem Holzkasten.

[1] Chamäleonlösung zum Titrieren. Man löst 30 g des käuflichen, staubfrei aufzubewahrenden Kaliumpermanganats (übermangansaures Kali) unter Zusatz von 1 g Zinksulfat, in 1 l kochendem Wasser und läßt noch etwa 3 Stunden auf dem Sandbade kochen. Man muß häufig umschütteln. Erkalten lassen. Filtrieren durch ein Glaswolleasbestfilter, das in folgender Weise hergestellt wird: In den Glastrichter setzt man Glaswolle ein, darüber aufgeschwemmtes, zum Filtrieren bestimmtes Asbest. Man filtriert in eine 5 l fassende Tubusflasche aus braunem Glase, mit unten angesetztem Ausflußhahn (Tubus am Boden), die man am besten in einem Holzkasten, gegen Licht geschützt (Abb. 1), aufbewahrt.

schnitt III) bei Roheisen und 3—5 g bei Schmiedeisen und Stahl in einer mit einem Uhrglas bedeckten Porzellanschale von etwa 15 cm Durchmesser oder einer Kasserolle (d. i. eine Porzellanschale mit Henkel) auf dem Sandbade, indem man als Lösungsmittel ein zubereitetes Gemisch von Salzsäure, Salpetersäure und Schwefelsäure (kurzweg „Säuremischung" genannt[1]) verwendet. Für jedes Gramm Probegut setzt man 10 ccm Säuremischung ein. Man dampft unter Beibehaltung des Uhrglases so lange ein, bis weiße Dämpfe deutlich bemerkbar sind, die von der verrauchenden Schwefelsäure herrühren. Nunmehr nimmt man die Schale vom Sandbade, läßt erkalten und gibt, ohne das Uhrglas abzunehmen, durch die Schnauze 100 ccm kochendes Wasser hinzu, das man rechtzeitig vorbereitet hat.

Dann entfernt man das Uhrglas, spült es ab und legt es zur Seite. Darauf befeuchtet man den Rand der Schale mit Hilfe der Spritzflasche und läßt 20 ccm Salzsäure (1,19) am Rande ringsum herunterfließen. Dann legt man einen Glasstab ein, deckt das Uhrglas wieder auf und erwärmt, bis sich alles, abgesehen von SiO_2 und Graphit, gelöst hat, was etwa 5 Minuten dauert. Dabei bewegt man nach Möglichkeit den Glasstab, ohne das Uhrglas abzunehmen. Danach entfernt man das Uhrglas, spritzt es ab und filtriert durch ein Filter von 11 cm Durchmesser (Schwarzband[2]).

Man entfernt die letzten, an der Schalenwand haftenden Reste durch Reiben mit einer Gummifahne, wäscht 5mal mit heißem Wasser aus, dem man Salzsäure (1,12) zugesetzt hat (auf eine kleine Spritzflasche etwa 25 ccm Salzsäure), dann nochmals etwa 5—10mal mit heißem Wasser. Rhodankaliumlösung[3] darf keine Rotfärbung der abfließenden Flüssigkeit ergeben. Man bringt dann das Filter feucht, mit der Spitze nach oben, in einen Porzellantiegel, wischt den Trichterrand mit einem kleinen Stück Filtrierpapier aus, legt dies zum Filter und trocknet zunächst auf dem Asbest-

[1] Man setzt einen 3 l fassenden Stehkolben in eine Schale voll kaltes Wasser und gibt der Reihe nach (genau beachten!) in 1200 ccm Wasser 500 ccm Schwefelsäure (1,84), 100 ccm Salzsäure (1,19), 650 ccm Salpetersäure (1,4) hinein und mischt durch Schütteln.

[2] Bezugsquelle: Schleicher & Schüll, Düren. Schwarzbandfilter werden für gewöhnliche Zwecke angewendet, Blaubandfilter nur da, wo ein Durchgehen des Niederschlages zu befürchten ist.

[3] Rhodankaliumlösung: 2,5 g Rhodankalium auf 0,25 l Wasser. Empfindlichste Reaktion auf Fe.

teller oder mit kleiner Flamme über dem Drahtnetz, bis das Filter zu rauchen beginnt; alsdann schiebt man den Tiegel in die Muffel, verascht das Filter und glüht, bis der Tiegelinhalt rein weiß aussieht (bei heißer Muffel meist 20 Minuten, bei sehr viel Graphit dauert es allerdings länger.) Ein rötliches Aussehen des Tiegelinhalts deutet auf schlechtes Auswaschen (Fe-haltig).

Berechnung: Im Tiegel befindet sich SiO_2. 1 g Kieselsäure enthält 0,47 g Silizium. Bei 2 g Einwage und einer Auswage von z. B. 0,0418 g Kieselsäure ergeben sich

$$\frac{0{,}0418}{2} \cdot 0{,}47 \cdot 100 = 0{,}98\,\%\ \mathrm{Si}\,.$$

3. Siliziumbestimmung im Ferrosilizium.

Hier besteht die Schwierigkeit, daß sich Ferrosilizium nicht in Säuren löst. Man muß infolgedessen eine Schmelze mit einem Gemisch von Natriumsuperoxyd (unter diesem Namen oder auch als Natriumperoxyd käuflich) und Natriumkarbonat (2 : 1) ausführen[1]. Da Platintiegel heute unerschwinglich teuer sind, auch stark bei der Schmelze leiden, verwendet man die käuflichen Eisentiegel (etwa 30 mm hoch).

Man verfährt wie folgt:

Der Tiegel wird mit dem Gemisch zu zwei Drittel gefüllt, dann das Probegut darauf gegeben und gut mit dem Glasstabe gemischt, ohne bis zum Boden dabei durchzustoßen. Man gibt dann noch eine etwa 5 mm starke Decke vom Gemisch darauf. Gewöhnlich nimmt man 1 g Probegut, nur bei Si-Gehalten von etwa 40% an 0,5 g und bei Gehalten über 70% 0,3 g. Man wendet offene Flamme und zunächst geringe Hitze an, bis sich die Decke des Gemisches dunkelgelb gefärbt hat, ein Zeichen, daß das chemisch gebundene Wasser ausgetrieben ist. Nunmehr gibt man stärkste Hitze. Tut man dies gleich im Anfang, so erfolgen leicht Explosionen. Nach etwa 5—7 Minuten sieht man eine Verflüssigung am Umfange eintreten. Man legt nunmehr den Tiegel schräg und wendet ihn, schließlich schwenkt man ihn mit der Tiegelzange über der Flamme so lange, bis sich alles zu einer klaren dunklen Schmelze verflüssigt hat und stellt den Tiegel auf eine Eisenplatte. Nachdem er soweit abgekühlt ist, daß man ihn anfassen kann, legt man

[1] Bei reinem Natriumperoxyd würde die Reaktion zu heftig verlaufen.

ihn in ein Becherglas von etwa 500 ccm Inhalt (bei breiter Form 10 cm Höhe) und fügt nach Auflegen des Uhrglases so viel kaltes Wasser schnell ein, daß er eben bedeckt ist. Es entsteht eine starke Reaktionswärme unter Entweichen von Sauerstoff. Nach Aufhören der Reaktion entfernt man das Uhrglas, spült es ab und fischt den Tiegel heraus, spült auch ihn ab und wischt ihn mit dem gummibewehrten Glasstabe aus. Man kann den Eisentiegel mehrmals gebrauchen (bis 15mal), wenn man das Drehen und Schwenken beim Schmelzen sorgfältig ausgeführt hat. Unterläßt man dies, so kann es allerdings vorkommen, daß der Tiegel beim erstenmal durchschmilzt.

Man fügt bei aufgelegtem Uhrglase vorsichtig Salzsäure (1,19) zu, was unter heftigem Aufwallen, infolge der starken Reaktionswärme, geschieht. Das Becherglas wird so warm, daß man es nicht anfassen kann. Man setzt den Zusatz der Salzsäure fort, bis die Lösung klar ist. Einige Glühspansplitter bleiben ungelöst, beeinträchtigen aber nicht den Gang der Analyse. Sie lösen sich beim Eindampfen.

Den Inhalt des Becherglases entleert man in eine Schale (18 cm Durchmesser) oder Kasserolle und dampft auf dem Sandbade, das nicht zu heiß sein darf, bei offener Schale bis zur Staubtrockne ein. Ist das Sandbad zu heiß, so „klettert" die Salzkruste[1], und es bilden sich auch leicht unlösliche Oxyde.

Den Rückstand nimmt man mit 20 ccm Salzsäure (1,19) auf, die man am Rande der Schale herunterfließen läßt; alsdann füllt man schnell die Schale mit 100 ccm kochendem Wasser und verfährt ebenso wie unter 2, muß aber das Auswaschen wegen der großen Mengen von Alkalien häufiger wiederholen. Das in einer Schale aufgefangene Filtrat enthält bei hohen Si-Gehalten immer SiO_2 in Lösung. Man muß infolgedessen das Eindampfen, Lösen und Filtrieren in obiger Weise wiederholen. Beide Filter werden gemeinsam verascht und die Kieselsäure wie oben gewogen.

Ist ein Platintiegel vorhanden, so mag man die Reinheit des Inhalts des Porzellantiegels dadurch prüfen, daß man ihn in den zuvor gewogenen Platintiegel überführt, mit einigen Tropfen

[1] Wenn bei zu hoher Temperatur eingedampft wird, klettert die Salzkruste über den Rand der Schale. Will man ganz sicher vor dem Klettern sein, muß man auf dem Wasserbade bis zur vollständigen Trockne eindampfen und dann die Schale noch etwa 15 Minuten auf einer nicht zu heißen Stelle des Sandbades (130°) stehen lassen.

verdünnter H_2SO_4 anfeuchtet, 4—5 ccm Flußsäure aus einem kleinen Bleibecher (vgl. unter 10) zusetzt, auf dem Wasserbade die Kieselsäure unter dem Abzuge abraucht[1] und die Schwefelsäure durch vorsichtiges Erwärmen auf offener Flamme entfernt. Alsdann müssen die Sulfate durch starkes Glühen vollständig in Oxyde übergeführt werden. Der aus diesen Oxyden bestehende Rückstand wird gewogen und sein Gewicht von dem zuvor ermittelten abgezogen.

4. Manganbestimmung im Roheisen und schmiedbaren Eisen

nach Volhard-Wolff.

Man titriert eine zuvor durch Salpetersäure oxydierte Eisenlösung mit der unter 1. genannten Chamäleonlösung, bis eine schwache Rotfärbung das Ende der Reaktion anzeigt.

Man löst bei

Gießereiroheisen Bessemerroheisen	5 g,
Thomasroheisen Stahleisen	2 g,
Spiegeleisen	1 g,
Ferromangan	0,3 g,
Flußeisen oder Schweißeisen	5 g,
Flußstahl oder Schweißstahl	5 g,

in einem 500-ccm-Meßkolben[2] mit 20 ccm Salzsäure (1,12) für jedes Gramm (bei Spiegeleisen und Ferromangan 30 ccm), bei eingehängtem Trichter auf dem Sandbade, unter dem Abzuge, was mindestens 30 Minuten beansprucht. Es empfiehlt sich, vor dem Einsetzen der Säure das Probegut leicht anzufeuchten. Um zu sehen, ob alles gelöst ist, kocht man schnell über dem Drahtnetz auf und setzt den Kolben auf die Tischplatte. Es darf nach einigen Sekunden keine Gasentwicklung mehr auftreten. Ist dies der Fall, nimmt man den Trichter heraus, kocht kurz auf, setzt

[1] Das Einatmen von Kieselfluorwasserstoffsäure ist sehr gefährlich. Dasselbe gilt von der Berührung der Dämpfe mit offenen Wunden. Flußsäure wird in besonderen Gefäßen aus Hartgummi oder Paraffin bezogen.

[2] Man wählt Kolben aus Jenaer Glas, die eine große Temperaturänderung aushalten, ohne zu zerspringen.

den Kolben auf die Platte vor dem Abzug und fügt tropfenweise aus einer Tropfflasche Salpetersäure (1,4) hinzu, um zu oxydieren. Das Ende der Reaktion ist dadurch kenntlich, daß plötzlich ein starkes Steigen der Lösung im Kolben unter Aufschäumen und unmittelbar darauffolgendem Zurückgehen stattfindet. Man hört dann mit dem Zusatz von Salpetersäure auf. Alsdann fügt man 200 ccm Wasser zu, kocht, bis alle gelben Dämpfe verschwunden sind und angefeuchtetes Jodkaliumstärkepapier[1] keine Blaufärbung ergibt.

Nunmehr trägt man in die heiße Lösung, unter Umschwenken aufgeschlämmtes Zinkoxyd ein, bis ein flockiger brauner Niederschlag entsteht. Es muß aber ein Überschuß gegeben werden, der sich darin äußert, daß sich Zinkoxydkörper am Boden des Kolbens unter dem braunen Niederschlag ablagern und einen weißen Fleck bilden.

Das aufgeschlämmte Zinkoxyd hält man in einem Erlenmeyerkolben von 20 cm Höhe bereit. Die zum Aufschlämmen benutzte Wassermenge war richtig bemessen, wenn nach dem Absetzen Schlamm und Wasser die gleiche Schichthöhe zeigen.

Nach dem Erzeugen des Niederschlages kocht man auf und läßt unter dem Hahn der Wasserleitung erkalten, füllt dann bis zur Marke auf und schüttelt um. Man filtriert nunmehr durch ein trocknes Faltenfilter im trocknen Trichter, in ein trocknes Becherglas und füllt dann nacheinander mehrere Erlenmeyerkolben von 1 l Inhalt mit je 100 ccm. Man hat auf diese Weise die Teilung auf $^1/_5$ vollzogen. Graphit und Kieselsäure befinden sich zusammen mit dem Eisenniederschlag und dem überschüssigem Zinkoxyd auf dem Filter. Im Filtrat befindet sich das Mangan[2].

Es wird nunmehr in dem Erlenmeyerkolben wieder aufgekocht und ein wenig aufgeschlämmtes Zinkoxyd zugesetzt. Dann läßt man die Chamäleonlösung einlaufen.

Man tut dies, indem in dem ersten Kolben von ccm zu ccm fortschreitet, und jedesmal tüchtig schüttelt, bis eine deutliche Rotfärbung entsteht. Ist z. B. 2 ccm zu wenig, 3 ccm zuviel, so setzt man im zweiten Kolben 2 ccm Chamäleonlösung zu, und schreitet

---

[1] Käuflich. Reaktion auf Cl.

[2] Falls das Filter infolge der gallertartig ausgeschiedenen Kieselsäure zu langsam laufen sollte, läßt man ein zweites Filter gleichzeitig in Tätigkeit treten.

dann von 0,2 zu 0,2 ccm fort. Im 3. Kolben stellt man das Ergebnis genau fest.

Falls vor Zusatz des Zinkoxyds beim Kochen der Lösung eine Trübung eintritt, so deutet dies auf einen Mangel an Salzsäure infolge Verdampfens beim Lösen. Man setzt dann einige Tropfen HCl zu und kocht bis zum Klarwerden.

Das Titrieren muß schnell geschehen, die Proben dürfen nicht zu kalt werden. Dies gilt besonders bei der Fertigprobe.

Berechnung: Man gewinnt den Titer auf Mangan durch Multiplikation des Eisentiters mit 0,2952. Ist der letztere z.B. = 0,009455, so hat man bei 2 g Einwage und einer Teilung $= \frac{200 \text{ ccm}}{500 \text{ ccm}} = {}^1/_5$, entsprechend 0,4 g, und bei einem Verbrauche von 2,6 ccm Chamäleonlösung: $\frac{0{,}009455 \cdot 2{,}6 \cdot 0{,}2952 \cdot 100}{0{,}4} = 1{,}81\,\%$ Mn.

5. Phosphorbestimmung im Roheisen und schmiedbaren Eisen auf maßanalytischem Wege

(im wesentlichen nach Pittsburgh).

Man oxydiert den Phosphor zu P_2O_5 und bindet das letztere an Molybdän in einem gelben Niederschlage. Diesen löst man auf und bestimmt seine Menge durch Angabe der zu seiner Lösung aufgewendeten Kubikzentimeter Natronlauge.

Man löst von

Hämatitroheisen und anderen phosphorarmen Roheisengattungen	5 g
Gießereiroheisen	2 g
Luxemburger Roheisen	1 g
Thomasroheisen	1 g
Flußeisen oder Schweißeisen	5 g
Flußstahl oder Schweißstahl	5 g

in einem 500-ccm-Meßkolben, indem man 20 ccm Salpeter-Schwefelsäure[1] für 1 g Roheisen einsetzt, nachdem man zuvor das Probegut mit 30 ccm Wasser befeuchtet hat.

Das Auflösen muß bei eingehängtem Trichter, unter dem Abzuge, und das Einsetzen der Säure in kleinen Portionen in der

[1] Salpeter-Schwefel-Säure zur Phosphorbestimmung: 0,55 l Salpetersäure (1,2), 0,30 l gew. Schwefelsäure (1,14), 0,33 l Wasser.

Kälte geschehen. Am besten setzt man dabei den Kolben in eine mit Wasser gefüllte Schale. Man erhitzt dann auf dem (nicht zu heißen) Sandbade. Ruhiges Kochen zeigt das Ende an. Um aber sicher im Erkennen dieses Zeitpunktes zu sein, spült man den Trichter ab, kocht auf der offenen Flamme auf und setzt den Kolben auf die Tischplatte. Die Gasentwicklung muß nach einigen Sekunden vollständig aufhören und die gelben Dämpfe müssen verschwunden sein. Der geringe Wasserzusatz vor Eintragen der Säure soll verhindern, daß sich gallertartige Kieselsäure ausscheidet, die die Filterporen verstopft. Man läßt dann abkühlen, füllt auf und filtriert ebenso wie bei der Manganbestimmung Graphit und Kieselsäure ab. Der Kolben liegt dabei des Absetzens wegen in einer Kasserolle oder einer Schale. Becherglas, Trichter und Filter müssen in Hinblick auf die vorzunehmende Teilung dabei trocken sein.

Man entnimmt für jede Phosphorbestimmung je 100 ccm mit der Pipette, die man in einen Erlenmeyerkolben von 500 ccm Fassungsvermögen entleert. Da beim Kochen ein starkes Stoßen eintritt, muß ein so geräumiges Gefäß gewählt werden.

Nunmehr stumpft man die Säure durch tropfenweis zugefügtes Ammoniak ab, bis eine blutrote Farbe der Lösung oder ein beginnender Eisenniederschlag die Wirkung anzeigt. Im letzteren Falle löst man den Niederschlag mit einigen Tropfen Salpetersäure wieder auf.

Dieses Abstumpfen des großen Säureüberschusses ist bei geringen Phosphorgehalten, z. B. bei Hämatit und im Stahl, unumgänglich notwendig, weil sonst der Niederschlag beim Zugeben von Ammoniummolybdat vielfach ausbleibt.

Man fügt 10 ccm Salpetersäure (1,2) hinzu und erhitzt bis zum Sieden. Sobald das Sieden beginnt, setzt man 5 ccm Chamäleonlösung[1] hinzu, läßt 3 Minuten kochen, gibt dann 20 ccm Chlorammoniumlösung[2] hinzu und kocht die rotbraun und trübe erscheinende Flüssigkeit so lange, bis sie vollständig (genau beachten!) klar wird. Alsdann nimmt man die Flamme fort

---

[1] Chamäleonlösung zum Oxydieren des Phosphors muß besonders hergestellt werden. 40 g übermangansaures Kali, 1 l heißes Wasser. In einer braunen Flasche gegen Licht geschützt aufbewahren.

[2] Chlorammoniumlösung für die Phosphorbestimmung: 300 g Chlorammonium, 1 l heißes Wasser. Nötigenfalls filtrieren.

und setzt 20 ccm Ammoniumnitratlösung[1], darauf unter nachhaltigem Umschütteln (etwa 2 Minuten lang) 40 ccm (bei Hämatit nur 20 ccm) Molybdänlösung[2] hinzu und läßt absitzen. Nach einer halben Stunde kann man filtrieren.

Eine Ausscheidung von Molybdänsäure muß vermieden werden; sie findet nur dann statt, wenn die Temperatur über 70° steigt. Dies wird vermieden, wenn man im obigen Sinne die Temperatur durch Einsetzen der kalten Reagenzien drückt.

Man filtriert durch ein 11-cm-Schwarzbandfilter, am besten ohne Glasstab, nachdem man den Rand des Kolbenhalses eingefettet hat, und wäscht mit einer Kaliumnitratlösung[3] Filter sowohl wie Fällungsgefäß aus, bis blaues Lackmuspapier nicht mehr gerötet wird und Rhodankalium keine Reaktion auf Fe zeigt, und dann noch einmal mit kaltem Wasser.

Dann wird der Niederschlag in das zuvor benutzte Fällungsgefäß gebracht und unter Zusatz von 30 ccm Wasser solange geschüttelt, bis das Filter zerkleinert ist. Man hat zuvor 2 Büretten, die eine mit Normalnatronlauge 1:5[4], die andere mit Normalschwefelsäure 1:5[5] gefüllt, und läßt nun (genau abgemessen) von ersterer je nach der Menge des gelben Niederschlages 10, 15, 20 ccm ein, bis dieser sich unter Schütteln vollständig gelöst hat. Man verdünnt nunmehr, so daß das Fällungsgefäß bis höchstens zu einem Viertel gefüllt ist, und setzt 5 Tropfen Phenolphthalein-

[1] Ammoniumnitratlösung: 1 kg Ammoniumnitrat, 1 l heißes Wasser. Nötigenfalls filtrieren.

[2] Molybdänlösung: 100 g käufliches Ammoniummolybdat werden in 400 ccm Ammoniak (0,96) gelöst. Die klare Lösung gießt man unter Umrühren langsam in 15 ccm Salpetersäure (1,2). Die Lösung wird, vor Licht geschützt, am besten in einem Holzkasten, aufbewahrt (Abb. 1). Vor dem jedesmaligen Gebrauche muß man sich davon überzeugen, daß die Lösung vollständig klar ist. Ist dies nicht der Fall, muß man über dem Meßzylinder filtrieren. Die Filtrate der P-Bestimmungen sammelt man in einer großen Flasche, um sie dann einzudampfen und auskristallisieren zu lassen. Die Salzkruste übergießt man mit Ammoniak, läßt 1 Stunde in der Wärme stehen und filtriert den Eisenniederschlag ab. Im Filtrat befindet sich die gesamte Molybdänsäure. Man verdünnt mit Wasser so lange, bis das Aräometer bei einer Temperatur von 17,5° das spez. Gewicht 1,1 anzeigt und gießt in das gleiche Volumen von Salpetersäure (1,2) aus. Auf diese Weise wird das Molybdat zurückgewonnen und kann wieder verwendet werden.

[3] Kaliumnitratlösung: 5 g Kaliumnitrat (Kalisalpeter) auf 1 l Wasser.

[4] Als $^1/_5$-Normalnatronlauge zu bestellen.

[5] Als $^1/_5$-Normalschwefelsäure zu bestellen.

lösung[1] hinzu, die intensiv rot färbt. Nunmehr titriert man mit Schwefelsäure zurück (d. h. hebt den Überschuß an Natronlauge auf), die man tropfenweise unter Schütteln eintreten läßt, bis die Rotfärbung in eine Graufärbung übergeht und beim nächsten Tropfen jede Färbung verschwindet. Die Differenz der beiden Bürettenablesungen gilt als Maßstab.

Berechnung des Phosphorgehalts: 1 ccm der Normalnatronlauge 1:5 entspricht 0,00027 g Phosphor. Hat man also 10 ccm Natronlauge und 4 ccm Schwefelsäure gebraucht, so hat man $(10-4) \cdot 0{,}00027 = 0{,}00162$ g Phosphor und bei einer Teilung $= \frac{100}{500}$, die bei einer Einwage von 5 g 1 g Roheisen entspricht, 0,16% P.

Dieses Titrierverfahren erfordert sehr wenig Zeit; es liefert zuverlässige Werte. Das vielfach geübte Titrierverfahren mit Chamäleonlösung ist umständlicher und nach den Erfahrungen des Verfassers weniger zuverlässig.

Die gewichtsanalytische Bestimmung des Phosphors beansprucht mehr Zeit. Für Schiedsanalysen kommt das Magnesiumpyrophosphatverfahren in Frage, dessen Beschreibung über den Rahmen dieses Buches hinausgeht.

6. Gewichtsanalytische Schwefelbestimmung im Roheisen und schmiedbaren Eisen.

Die Bestimmung des Schwefels im Eisen unter Bindung des beim Lösen entweichenden Schwefelwasserstoffs als CdS, das dann in CuS übergeführt wird, ist von Schulte angegeben.

Der Apparat besteht aus einem Rundkolben zum Lösen der Eisenprobe, einer mit Kadmiumazetatlösung gefüllten Vorlage und einem Verbindungsrohr zum Überleiten des H_2S.

In letzteres muß ein Wassergefäß (Waschflasche) eingeschaltet werden, damit überdestillierende HCl nicht in die Vorlage gelangt und CdS zersetzt. Da dies Wasser aber H_2S absorbiert muß man letzteres durch Kochen am Schluß austreiben.

Die Anordnung der sog. Waschflasche bedingt den Unterschied zwischen dem in Abb. 2 dargestellten Apparat älterer Konstruktion und dem in Abb. 3 dargestellten neuzeitlichen Apparat. Bei letzterem

[1] Phenolphthaleinlösung (Indikatorflüssigkeit): 4 g Phenolphthalein werden in 100 ccm Alkohol (98 proz.) gelöst.

ist die Waschflasche in den Stopfenkörper *E* eingebaut. Durch die im Kochkolben entwickelten Dämpfe wird das Wasser erwärmt, so daß ein nachheriges Kochen überflüssig ist. Dies letztere bedeutet einen Vorzug. Ein anderer Vorzug vor dem älteren Apparat ist der Umstand, daß die Gefahr des Übersteigens der Kadmiumlösung in die Waschflasche und des Wassers der letzteren in den Kochkolben ausgeschlossen ist (vgl. den Text der Abb. 2).

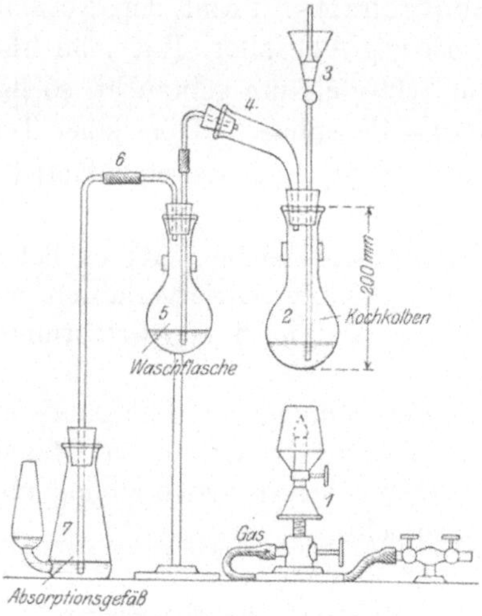

Abb. 2. Apparat zur Schwefelbestimmung älterer Art.

1 = Brenner. *2* = Kochkolben. *3* = Trichter mit Stopfen. *4* = Erweitertes Verbindungsrohr zwischen *2* und *5*. *5* = Waschflasche. *6* = Gummischlauchmuffe. *7* = Vorlage. Man darf nur mit kleiner, leuchtender Flamme arbeiten und muß ängstlich vermeiden, daß ein Luftzug den Kochkolben abkühlt, weil dann sofort das Wasser aus der Waschflasche nach *2* hinübergesaugt und dabei der Gummistopfen der Kochflasche durch den Dampfdruck emporgeschleudert wird. Aus diesem Grunde darf man auch am Schluß nicht eher die Flamme löschen, bis die Verbindung *6* gelöst ist.

Beim Einführen des Sperrwassers in den Stopfenkörper *E* (Abb. 3) benutzt man besser nicht die Öffnung *5*, sondern führt in den herausgenommenen Stopfenkörper das Wasser durch *1* ein, wobei man die Öffnung *2* mit dem Finger schließt. Das Wasser füllt dann den Raum *C* und fließt durch *3* in *E* über.

Man führt das Probegut (5 g) mittels eines Metalltrichters in den Kolben ein. (Der Kolben muß trocken sein.) Alsdann setzt man den Stopfen ein und schließt die mit 40 ccm Kadmiumazetatlösung[1] beschickte Vorlage derart an, daß die entwickelten Gase durch die Lösung gehen müssen. Der Kolben ist in ein Stativ eingespannt. Unter ihm befindet sich der Gasbrenner, zwischen ihm und dem Kolben schaltet man besser ein Asbestdrahtnetz ein, um die Erhitzung abzuschwächen.

---

[1] Kadmiumazetatlösung: 25 g Kadmiumazetat werden in 200 ccm konz. Essigsäure (Eisessig) gelöst und die Lösung mit Wasser auf 1 l aufgefüllt. Dann Filtrieren!

Das Einsetzen der Säure (Salzsäure 1,19) muß mit Vorsicht geschehen, damit die Gasentwicklung anfangs nicht zu heftig wird. Man setzt nacheinander 60 ccm Säure ein. Zum Schluß gibt man 10 ccm Wasser nach, um die Säure vollständig in den Kolben überzuführen. Sie gelangt aus dem Trichter *1* (vgl. Abb. 3) in den Raum *C* und durch die Öffnung *2* in den Kolben, während die Gase durch dieselbe Öffnung in den Raum *C*, von da durch *3* in den Raum *E* und von dort durch *4* in die Vorlage gelangen. Die Flamme wird erst angezündet, nachdem die gesamte Säure und das Wasser eingesetzt sind. Man arbeitet mit kleiner leuchtender Flamme. Gegen Schluß macht man sie größer und bringt den Kolbeninhalt zum Sieden. Dies Sieden wird so lange fortgesetzt, bis das Wasser in *E* kocht (zwecks Austreibens des absorbierten H_2S) und sich in dem wagerechten Teil des Rohres *4* Kondenswasser bildet. Man löst die untere Schlauchverbindung *B* und löscht dann die Flamme. Ist das Eisen schwefelreich, so kann die starke Entwicklung von H_2S bewirken, daß die Kadmiumazetatlösung in Blasen in dem seitlichen Gefäß der Vorlage emporquillt. Man kann ein Übersteigen verhindern, wenn man einen aus einem dünnen Glasstab gefertigten kleinen Bügel über den Rand hängt.

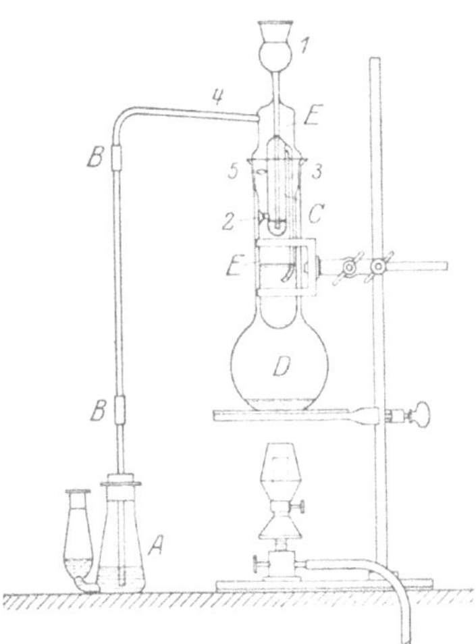

Abb. 3. Apparat zur Schwefelbestimmung neuerer Art nach Dr. Voigt. (Bezugsquelle Dr. Reininghaus in Essen.)

A = Vorlage. *B* = Schlauchverbindungen. *C* = Gefäß innerhalb des Stopfenkörpers *E*. (Sowohl *C* wie auch der untere Teil des Körpers *E* sind mit Sperrflüssigkeit gefüllt.) *D* = Kochkolben. *1* = Trichter. *2* = Abflußöffnung aus *C*. *3* = Rohr zum Abführen der Gase aus *C* in die Sperrflüssigkeit im unteren Teil von *E*. *4* = Rohr nach der Vorlage. *5* = Öffnung im Stopfenkörper, die beim Einführen des Sperrwassers in *E* gebraucht werden kann.

Nunmehr bringt man 5 ccm Kupfersulfatlösung[1] in die Vorlage, um das gelbe Kadmiumsulfid in schwarzes Kupfersulfid über-

[1] Kupfersulfatlösung: 120 g Kupfersulfat werden in einem Gemisch von 880 ccm Wasser und 120 ccm englischer Schwefelsäure (1,84) gelöst. (Die Schwefelsäure in das Wasser gießen. Nicht umgekehrt!) Dann Filtrieren!

zuführen. Dabei spült man zunächst die Glasröhre aus, indem man die Kupfersulfatlösung in eine Probierröhre bringt und in diese das Rohr eintaucht. Häufig muß man mit einer Feder nachhelfen, um die letzten Reste zu entfernen. Das Probierröhrchen wird in die Vorlage entleert und durch Schwenken und Neigen alles CdS in CuS übergeführt. Danach filtriert man durch ein Schwarzbandfilter von 11 cm Durchmesser den Schwefelkupferniederschlag ab; dann wäscht man etwa 10mal mit heißem Wasser aus, bis Chlorbariumlösung[1] keine Trübung ergibt. Man nimmt das Filter aus dem Trichter, trocknet es in einem zuvor einige Minuten geglühten und nach dem Erkalten gewogenen Porzellantiegel auf der Asbestplatte und vergast es soweit wie möglich. Das Filter wird dann über einer kleinen Flamme verascht, hierbei stellt man den Tiegel am besten schräg, damit Luft zutreten kann. Ist alles verascht, stellt man den Tiegel gerade, glüht bei stärkerer Flamme oder in der Muffel (diese darf aber nicht zu heiß sein), läßt im Exsikkator erkalten und wägt den Niederschlag als Kupferoxyd.

Solange noch Filterkohle vorhanden ist, muß die Temperatur niedrig sein, damit nicht metallisches Cu durch Reduktion entsteht: Hernach wird stärkere Hitze gegeben, um CuS und etwa entstandenes $CuSO_4$ in CuO überzuführen; nur darf nicht starke Rotglut entstehen, weil sonst die Tiegelwand mit dem CuO verschlackt.

Berechnung: 1 g Kupferoxyd entspricht 0,403 g Schwefel. Hat man bei 10 g Einwage z. B. 0,0180 g Kupferoxyd entsprechend 0,0073 g Schwefel gefunden, so hat man

$$\frac{0{,}0073 \cdot 100}{10} = 0{,}073\,\%\ \text{Schwefel.}$$

7. Maßanalytische Schwefelbestimmung im Roheisen und schmiedbaren Eisen.

Sie beruht auf der Zersetzung des CdS durch Salzsäure. Das freiwerdende H_2S wird durch Jod zerlegt, dessen Menge einen Maßstab bildet. Das nicht verbrauchte Jod wird mit Natriumthiosulfatlösung zurücktitriert.

[1] Reaktion auf Schwefelsäure.

Das Verfahren hat den Vorzug, daß es nicht soviel Zeit erfordert wie das unter 6 beschriebene.

Man verfährt so wie bei 6 bis zur Erzeugung des Niederschlages von CdS in der Vorlage, setzt nunmehr aber in diese eine Jodlösung[1] bestimmter Konzentration aus der Bürette, in Portionen von je 5 ccm so oft ein, bis ein deutlicher Farbenumschlag anzeigt, daß genug gegeben ist, dann aus dem Meßzylinder 25 ccm eines Gemisches von Salzsäure (1,12) und Wasser zu gleichen Teilen. Man schüttelt gut um und setzt 3 bis 5 Tropfen Stärkelösung[2] hinzu, um einen Indikator beim Titrieren zu haben. Die Lösung ist je nach der in ihr enthaltenen Menge freien Jods blau bis schmutzig blaugrün.

Nunmehr titriert man unter Umschwenken mit einer Lösung von Natriumthiosulfat[3], bis die Lösung farblos wird. Bevor dies eintritt, wird die Lösung allmählich durchsichtiger und unmittelbar vor dem Ende deutlich blau. Die in der Lösung befindlichen gelben Schwefelflocken stören nicht.

Ein Übertitrieren muß vermieden werden. Ist richtig gearbeitet, so bewirkt ein Tropfen Jodlösung eine neue Blaufärbung.

Berechnung: 0,001 g S entsprechen 1 ccm Jodlösung. 1 ccm Thiosulfat entspricht 1 ccm Jodlösung. Beispiel: Sind bei Zusatz von 10 ccm Jodlösung 4 ccm Thiosulfatlösung verbraucht, so hat man 6 ccm Jodlösung zur Oxydation des H_2S aufgewendet. Schwefelgehalt = 6 · 0,001 g = 0,006 g. Bei einer Einwage von 10 g sind dies 0,06% S.

---

[1] Jodlösung wird hergestellt, indem 7,928 g Jod (als doppeltsublimiertes Jod, u. a. bei Merck oder Kahlbaum käuflich) mit 25 g Jodkalium in etwa 50 ccm Wasser in einem Litermeßkolben unter Umschütteln in der Kälte gelöst werden. Nach dem Lösen wird bis zur Marke aufgefüllt. Die Lösung muß in einer Stöpselflasche aus rotbraunem Glase an einer dunklen Stelle aufbewahrt werden. Man muß trotzdem damit rechnen, daß sie vom Lichte zersetzt wird. Es empfiehlt sich daher, die Lösung nicht zu lange zu gebrauchen, oder sie vor der Benutzung mit Thiosulfat zu prüfen und gegebenenfalls den Titer neu einzustellen.

[2] 1 g Stärke mit 100 ccm Wasser in der Kälte verquirlt, kurz aufgekocht und filtriert. Die Lösung ist nach dem Erkalten gebrauchsfertig.

[3] Natriumthiosulfatlösung wird hergestellt, indem man 15,526 g chemisch reines Natriumthiosulfat (u. a. von Merck oder Kahlbaum) in einem Litermeßkolben in kaltem Wasser löst und bis zur Marke auffüllt. Das Wasser muß zuvor durch Auskochen kohlensäurefrei gemacht werden, um die Lösung fast unbegrenzt (wenigstens mehrere Monate) haltbar zu machen.

8. Bestimmung des Kohlenstoffs im Roheisen und schmiedbaren Eisen durch Auflösen.

Nach Särnström.

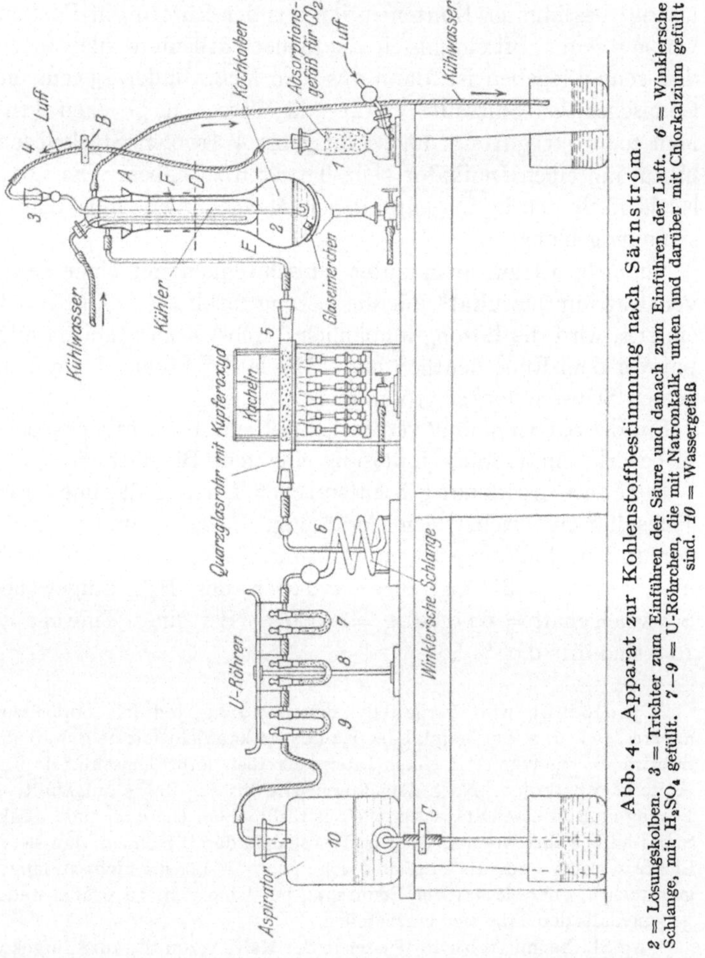

Abb. 4. Apparat zur Kohlenstoffbestimmung nach Särnström.

2 = Lösungskolben. 3 = Trichter zum Einführen der Säure und danach zum Einführen der Luft. 6 = Winklersche Schlange, mit H_2SO_4 gefüllt. 7—9 = U-Röhrchen, die mit Natronkalk, unten und darüber mit Chlorkalzium gefüllt sind. 10 = Wassergefäß

Dies Verfahren ist immer noch das zuverlässigste, nur nicht bei Wolfram- und ähnlichen Stählen, wo unlösliche Karbide auftreten. Es ist allerdings recht umständlich und zeitraubend.

Der Kohlenstoff wird ebenso wie das Eisen und alle seine Begleiter durch Chromsäure oxydiert. C wird in CO_2 umgewandelt.

Der Apparat ist in Abb. 4 dargestellt[1]. Die Reihenfolge der Handgriffe ist folgende:

1. Probe abwägen und in den Kolben bringen.
2. Den Apparat auf Dichtigkeit prüfen.
3. Die U-Röhren *7* und *8* ausschalten und abwägen; während dieser Zeit wird, nach Einschalten einer Glasröhre an Stelle der U-Röhren, die Quarzglasröhre *5* mit Kupferoxyd bis zur Rotglut erhitzt und kohlensäurefreie Luft durch den Apparat gesaugt.
4. Chromsäurelösung (20 ccm)[2], dann Schwefelsäure (englische Schwefelsäure, 1:1 verdünnt, 150 ccm) eingesetzt.
5. Umschütteln und Anzünden der Flamme.
6. Bis zum Sieden und dann noch $2^1/_2$ Stunden erhitzen.
7. Ausdrehen der Flammen. Herausnehmen und Abwägen der U-Röhren.

Beschreibung des Hergangs.

Das Probegut (bei kohlenstoffarmem Roheisen etwa 1,5 g, bei kohlenstoffreicherem etwa 1,0 g) wird in einem Glaseimerchen[3] abgewogen. Mit dem in Abb. 5 dargestellten Draht wird dieses Eimerchen in den Kochkolben eingesenkt und so verhindert, daß Probegut im Kolbenhals hängenbleibt oder der Kolben zerschlagen wird.

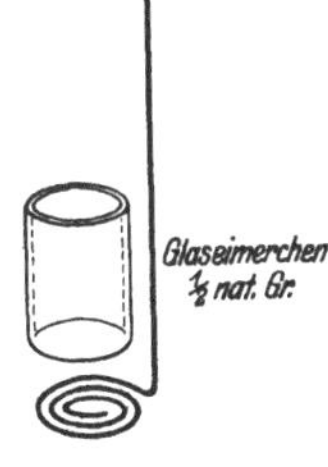

Abb. 5. Draht zum Einsetzen des Glaseimerchens mit Probegut.

Um den Apparat auf Dichtigkeit zu prüfen, schließt man bei geöffneten Hähnen der U-Röhrchen den Quetschhahn *B* und öffnet *C*. Der

[1] Der Verfasser hat mit Kochkolben, die von Wüst angegeben sind, gute Erfahrungen gemacht.

[2] Chromsäurelösung: 180 g kristallisierte Chromsäure („zur Kohlenstoffbestimmung" angeben!) werden in 100 ccm Wasser und einigen Tropfen konz. Schwefelsäure gelöst. Die Lösung muß etwa $^1/_2$ Stunde behufs Zerstörung organischer Beimengungen kochen. Dies geschieht im Kochkolben des Apparates, also unter Zutritt kohlensäurefreier Luft und unter Anwendung des Kühlers. Der Aspirator wird unmittelbar hinter den Kolben geschaltet. Nach dem Erkalten im Kolben hebt man die Lösung gut verstöpselt auf.

[3] Solche Glaseimerchen bezieht man am besten zusammen mit dem Apparat. Man füllt den Glaseimer und wägt ihn ab. Es kommt nicht darauf an, daß es genau 1,5 oder 1,0 g sind.

letztere läßt einen starken Wasserstrahl aus dem Aspirator austreten. Da, wo es geht (bei *A*, bei *3* und beim Gummistopfen des Aspirators), stellt man eine Abdichtung durch aufgegossenes Wasser her. Nach 5—10 Minuten muß das Ausfließen aufhören, und es müssen die Gasblasen in der Winklerschen Schlange zur Ruhe gelangt sein, wenn der Apparat dicht ist. Alsdann schließt man *C* und öffnet langsam *B*, um das Vakkuum auszugleichen.

Man schließt darauf die Hähne der beiden abzuwägenden U-Röhren, nimmt sie heraus und schaltet eine Glasröhre an ihre Stelle. Der Aspirator wird nunmehr auf normalen Ausfluß (1 Tropfen für die Sekunde) eingestellt und die Flammen unter der Kupferoxydröhre angezündet. Bei Quarzglasröhren (Heräus in Hanau) kann man ohne weiteres eine heiße Flamme geben. Die Röhre muß stark rotglühend sein. Inzwischen sind die beiden U-Röhrchen gewogen, was immer unter Schließen ihrer Hähne geschehen muß, und werden nun eingeschaltet. Das Lösen des Probeguts kann dann beginnen.

Es wird erst die Chromsäurelösung, darauf die Schwefelsäure eingesetzt. Da die Gasentwicklung sogleich einen Gegendruck erzeugt, kann das letztere nur langsam geschehen. Ist die Säure fast vollständig in den Kolben gewandert, schüttelt man gut um und zündet eine nicht zu große Flamme an. Es entsteht starker Gasdruck, der die Lösung in dem Rohr *F* empordrückt. Wird dabei die Linie *D* erreicht, so muß man, um ein Übertreten in das Gefäß *1* zu verhüten, die Flamme fortnehmen und durch Blasen auf den Kolben kühlen. Nach etwa 20 bis 30 Minuten beginnt das Sieden. Das Steigen der Lösung hört dann auf. Nachdem das Sieden $2^1/_2$ Stunden gewährt hat, dreht man alle Flammen aus, öffnet den Stöpsel bei *3* und schließt den Aspirator und alle Hähne der U-Röhren. Das zweite U-Rohr darf bei normalem Verlauf keine oder nur eine ganz geringe Gewichtszunahme zeigen. Vor dem Abwägen wischt man die U-Röhren mit einem Lederlappen ab und läßt sie 10 Minuten im Exsikkator liegen. Man öffnet, bevor man wägt, einen Moment die Hähne, um einen Ausgleich des Luftgewichts herbeizuführen.

Der Unterschied der Gewichte entspricht dem Gewicht der aufgenommenen Kohlensäure.

Berechnung: Eingewogen 1,023 g Roheisen.

Natronkalkrohr I nach der Bestimmung	57,2004 g
„ I vor „ „	57,0621 g
Gewichtsunterschied	0,1383 g
Natronkalkrohr II nach der Bestimmung	57,0500 g
„ II vor „ „	57,0477 g
Gewichtsunterschied	0,0023 g

Gesamter Gewichtsunterschied = 0,1406 g, entsprechend

$$^3/_{11} \cdot \frac{0,1406}{1,023} = 0,0374\ \text{g} = 3,74\%\ \text{Kohlenstoff.}$$

9. Abgekürzte Kohlenstoffbestimmungsverfahren.

A. Kohlenstoffbestimmung durch Verbrennung im Sauerstoffstrom, im Roheisen und schmiedbaren Eisen.

Nach Mars.

Kohlenstoffhaltiges Eisen (Schmiedeeisen, Stahl, Roheisen) wird im Sauerstoffstrom in einem elektrisch geheizten Ofen verbrannt und dabei der gesamte Kohlenstoff in CO_2 übergeführt. Die Bildung von CO und Kohlenwasserstoffen ist unter diesen Verhältnissen ausgeschlossen. Die Kohlensäure wird entweder gewichtsanalytisch durch Auffangen in Natronkalk bestimmt oder im Sinne der Schnellmethode volumetrisch, indem sie von Kalilauge absorbiert wird.

Bei der Verbrennung des Eisens ist zu beachten, daß sie eine starke Temperatursteigerung bedingt.

Bei Ferromangan, Ferrochrom, Ferrosilizium und Roheisen muß die Verbrennung durch ein Oxydationsmittel unterstützt werden. Man wählt Wismutsesquioxyd (1 g), das im Schiffchen vor Einsetzen der Probe bei 900° eingeschmolzen wird.

I. Volumetrische Bestimmung (Schnellbestimmung).

Ausführung der Bestimmung. Das mit dem CO_2 beladene Sauerstoffvolumen wird in das Meßgefäß eingeführt und durch weiter zugeführten Sauerstoff auf 100 ccm gebracht. Diese Gasmenge wird dann in dem Absorptionsgefäß mit Kalilauge behandelt, wo das CO_2 absorbiert wird. Nach dem Zurückführen in das Meßgefäß wird die Volumenverminderung abgelesen und unmittelbar dabei der Kohlenstoffgehalt des Eisens.

Der Apparat (vgl. Abb. 6) besteht aus dem Verbrennungsofen und dem Absorptionsgefäß mit der Meßbürette.

Man stellt bei letzterem durch Handhaben der Flasche *20* die Kalilauge im Gefäß *21* bis zur Marke ein und schließt dann den Hahn *18*. Der Hahn *17* wird so eingestellt, daß *16* mit der Meßbürette *19* verbunden ist, die Flasche *20* befindet sich dabei unten.

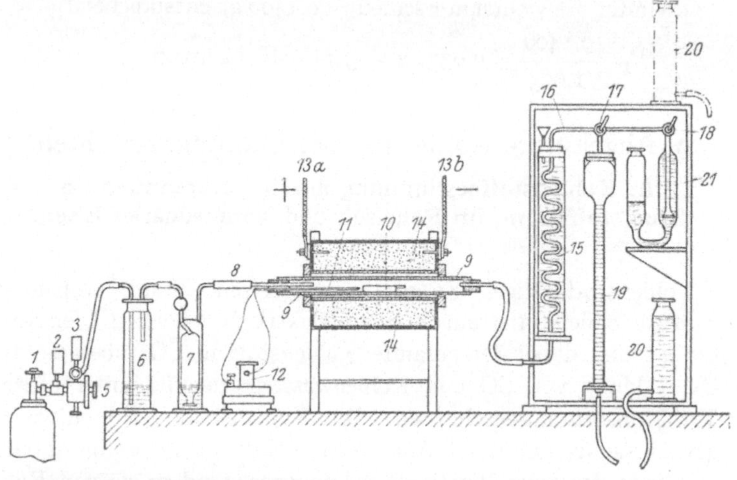

Abb. 6. Apparat zur volumetrischen Kohlenstoffbestimmung (nach Mars).

1 = Sauerstoffflasche mit Ventil. *2* u. *3* = Manometer. *5* = Ventil zum Regulieren des Sauerstoffstroms. *6* = Waschflasche mit Kalilauge. *7* = Waschflasche mit Schwefelsäure. *8* = Verbindungsstück. *9* = Verbrennungsrohr aus Porzellan. *10* = Porzellanschiffchen zur Aufnahme des Probeguts. *11* = Thermoelement. *12* = Millivoltmeter zur Temperaturmessung. *13a* u. *b* = Zuführungen für den elektrischen Strom. *14* = Kohlengrießfüllung des elektrischen Ofens. *15* = Kühlschlange. *16* = Kapillarrohr. *17* u. *18* = Hähne. *19* = Meßbürette. *20* = Bewegliche Flasche mit Sperrwasser, um das Gas in die Meßbürette, aus dieser in die Kalilauge und aus der Kalilauge wieder zurück in die Meßbürette zu bringen. Stellung oben und unten. *21* = Absorptionsgefäß mit Kalilauge.

Schon vorher hat man den Strom eingeschaltet und bringt den Ofen auf 1150°, was in etwa $^1/_2$ Stunde erreicht wird. Über die anzuwendende Stromstärke sagen die Beschreibungen der einzelnen Ofensysteme das Nötige. Zur Messung der Temperatur dient ein Thermoelement (vgl. Abb. 6).

Während des Anheizens leitet man 5 Minuten lang Sauerstoff aus der Flasche durch den Apparat, indem man mit Hilfe des Ventils *5* den Zufluß regelt. Der Sauerstoff entweicht in Blasen durch das Sperrwasser in *20*. Die Blasenfolge muß mit der in den

Waschflaschen *6* und *7* übereinstimmen, wenn der Apparat dicht ist.

Während des Anheizens wird das Probegut abgewogen und in das Schiffchen[1] gebracht, und zwar

2 g	bei	Eisen und Stahl mit weniger als . . .	0,5% C
1 g	,,	Stahl mit weniger als	1,5% C
0,5 g	,,	Stahl und Roheisen mit weniger als .	3,0% C
0,2 g	,,	Roheisen mit über	3,0% C

Von dem Einschmelzen des Wismutsesquioxyds, bevor das Probegut eingesetzt wird, war S. 19 die Rede. Man muß, nachdem dies geschehen ist, das Schiffchen wieder herausziehen, es erkalten lassen und mit Probegut beschicken.

Nunmehr wird die Meßbürette, die noch mit Sauerstoff gefüllt ist, entleert und mit Wasser gefüllt, indem die Verbindung mit der Verbrennungsröhre *9* schnell gelöst und die Flasche *20* nach oben gebracht wird. Berührt das Wasser den Hahn *17*, so schließt man ihn.

Inzwischen sind 1150° erreicht. Man setzt schnell das Schiffchen mit einem Draht ein, bis es an das Thermoelement anstößt und schließt schnell das Verbrennungsrohr mit dem Stopfen. Darauf stellt man den Sauerstoffstrom allmählich steigend an, bis schließlich eine Perlenkette in den Flaschen *6* und *7* entsteht, und verbindet durch Öffnen des Hahnes *17* das Verbrennungsrohr mit der Bürette. Die Flasche *20* steht immer noch oben. Beim Einsetzen muß man ein Umfallen des Schiffchens vermeiden, weil dadurch das Verbrennungsrohr zerstört wird.

Sobald ein rapides Sinken des Wasserspiegels in der Meßbürette das Ende der Verbrennung anzeigt, setzt man die Flasche *20* auf den Tisch und füllt die Bürette mit Gas bis etwas unter den Nullpunkt. Alsdann schließt man den Hahn *17*, unterbricht die Verbindung der Bürette mit der Verbrennungsröhre, stellt den Sauerstoffstrom und den elektrischen Strom ab und entfernt das Schiffchen vermittels eines am unteren Ende hakenförmig gebogenen Drahtes aus der Verbrennungsröhre. Nunmehr folgt das Einstellen der Gassäule in der Meßbürette auf den Nullpunkt der Skala, indem man den Flüssigkeitsspiegel in der Flasche *20* und den der Meßbürette auf gleiche Höhe mit dem Nullpunkt bringt.

[1] Das Schiffchen aus Porzellan muß schroffen Temperaturwechsel aushalten (900°—1200°). Es kann nur so oft benutzt werden, wie sich das angeschmolzene Fe_3O_4 gut entfernen läßt.

Dies geschieht unter kurzem Öffnen und Schließen des Hahnes *17* nach der Außenluft. Darauf öffnet man die Hähne *17* und *18* nach dem Absorptionsgefäß *21* hin und drückt das Gas durch Heben der Flasche *20* durch die Absorptionsflüssigkeit. Man holt es dann durch Senken der Flasche wieder in die Meßbürette zurück und wiederholt das Hinüberdrücken und Zurückholen, bis Volumenbeständigkeit eingetreten ist.

Meist genügt ein 2—3maliges Überführen. Die Volumenverminderung ist gleich der CO_2Menge. Die Skala gestattet ein unmittelbares Ablesen des C-Gehaltes in Prozent, auf der rechten Seite für 1,0 g Probegut, auf der anderen Seite für 2,0 g. Liest man, z. B. rechts bei 0,2 g Einwage, 0,8 ab, so ergibt sich $5 \cdot 0{,}8 = 4{,}0\%$ C[1].

II. Gewichtsanalytische Bestimmung.

Anstatt in Kalilauge wird hierbei die Kohlensäure in Natronkalk absorbiert und der Gehalt an Kohlenstoff durch Auswägen

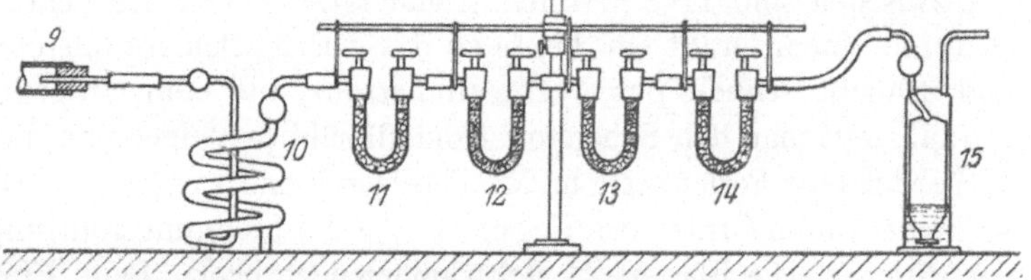

Abb. 7. Apparat zur gewichtsanalytischen Kohlenstoffbestimmung (nach Mars).

9 = Verbrennungsrohr aus Porzellan (anschließend an *9* in Abb. 6). *10* = Winklersche Schlange mit Schwefelsäure. *11* = U Rohr mit Chlorkalzium. *12* = U-Rohr mit Chromsäure. *13* u. *14* = U-Rohre mit Natronkalk und Chlorkalzium. *15* = Flasche mit Schwefelsäure.

ermittelt. Abb. 7 stellt den Apparat dar. Die Winklersche Schlange *10* mit H_2SO_4 und das U-Rohr *11* mit Chlorkalzium dienen zum Trocknen der Gase. Die am Schluß angeschlossene Flasche *15* mit H_2SO_4 soll die Aufnahme von Feuchtigkeit aus der Außenluft verhüten.

Ausführung der Bestimmung. Nach Zusammensetzen des Apparates leitet man langsam Sauerstoff hindurch und schaltet

---

[1] Für wichtige Bestimmungen muß man die Temperatur des Gasgemisches und den Barometerstand berücksichtigen, wie dies bei der Gasanalyse geschieht. Den Apparaten wird meist eine Umrechnungstabelle für diesen Fall beigegeben.

gleichzeitg den elektrischen Strom ein. Wenn der ganze Apparat mit Sauerstoff angefüllt ist, schaltet man die Röhrchen *13* und *14* mit Natronkalk ab, läßt sie einige Zeit im Wägezimmer liegen und wägt sie. Inzwischen geht die Aufheizung des Ofens ihren Gang. Sobald die Temperatur des Verbrennungsrohres 900° C erreicht hat, unterbricht man den Sauerstoffstrom, schließt die gewogenen U-Röhrchen wieder an und führt das Schiffchen mit dem Probegut (1 g) ein, gegebenenfalls nachdem man zuvor Wismutsesquioxyd im Sinne der obigen Angabe eingeschmolzen hat. Der Sauerstoffstrom wird jetzt wieder angestellt und die Temperatur auf 1150° gesteigert. Ist diese erreicht, so schaltet man den elektrischen Strom aus, wodurch die Temperatur schnell auf 900° fällt. Der ganze Vorgang ist in $^1/_2$ Stunde erledigt. Man nimmt nunmehr die Natronkalkröhrchen ab, läßt sie einige Zeit im Wägezimmer liegen und wägt aus. Vor dem Wägen öffnet man einen Moment die Hähne. Der Unterschied der Gewichte entspricht der aufgenommenen Kohlensäure. (Berechnung wie unter 8.)

Bei Ferrolegierungen (Ferromangan, Ferrosilizium, Ferrochrom usw.) hält man die Temperatur 2 Stunden auf 1050° und schaltet erst dann den elektrischen Strom aus.

B. Kolorimetrische Kohlenstoffbestimmung.

Durch das volumetrische Kohlenstoffbestimmungsverfahren ist die kolorimetrische Kohlenstoffbestimmung von Eggertz etwas in den Hintergrund gedrängt, aber doch nicht für Betriebszwecke entbehrlich geworden. Sie beruht darauf, daß eine Lösung der Eisenprobe in Salpetersäure eine bräunliche Farbe hat. Je nach dem Kohlenstoffgehalt ist sie heller oder dunkler gefärbt. Stellt man die Lösung eines Eisens oder Stahls mit bekanntem Kohlenstoffgehalt her und löst das zu untersuchende Eisen in derselben Weise, so kann man die Farbe der erhaltenen Lösungen miteinander vergleichen und durch Verdünnung mit Wasser gleichstellen. Aus den an den graduierten Meßröhrchen abgelesenen Zahlen wird dann der Kohlenstoffgehalt ohne weiteres rechnerisch ermittelt.

Das Verfahren ist nicht überall anwendbar, weil es nur den Gehalt an Karbidkohle zeigt. Demnach scheiden alle Eisensorten, die Graphit und Temperkohle enthalten, in erster Linie also Roheisen und Gußeisen aus. Abgesehen davon ist die Erfahrung gemacht worden, daß sich bei gehärteten und legierten Stählen

Abweichungen ergeben, welche es von der Verwendung ausschließen.

Zur Ausführung der Bestimmung braucht man gewöhnliche Probierröhrchen von 15 cm Höhe und außerdem ein Gestell mit 5—10 graduierten Meßröhrchen, die vor einer Milchglasscheibe aufgestellt sind[1].

In der Praxis hat sich herausgestellt, daß man den Kohlenstoffgehalt des Normaleisens oder Stahles möglichst nahe dem der zu untersuchenden Probe auswählen soll; besser ist es, wenn er etwas höher ist. Aus diesem Grunde hält man 3 Sorten Normaleisen mit etwa 0,12; 0,25 und 0,50% C bereit, deren Kohlenstoff auf Grund des gewichtsanalytischen Verfahrens bekannt ist.

Man löst 0,2 g des Normaleisens mit 4 ccm (genau abmessen) Salpetersäure (1,2)[2] in dem Probierröhrchen auf und verfährt ebenso bei der zu untersuchenden Probe. Um ein Überschäumen beim Einführen der Säure zu verhüten, stellt man dabei das Probierröhrchen in kaltes Wasser, dann aber in ein vorher zum Sieden gebrachtes Wasserbad oder in ein Bad von geschmolzenem Paraffin. Nach 20 Minuten (genau beachten!) nimmt man die Probierröhrchen heraus, läßt sie in kaltem Wasser abkühlen und führt den Inhalt unter Nachspülen mit der Spritzflasche in die graduierten Röhrchen über. Man vergleicht sie und bringt sie durch Wassernachfüllen auf den gleichen Farbenton, indem man den Apparat mit der Milchglasscheibe vor das Fenster stellt.

Wenn man alsdann an dem graduierten Meßröhrchen für den Normalstahl mit 0,2% C z. B. 14 ccm, an dem für die zu untersuchende Probe 12,4 ccm abliest, so verhalten sich diese Zahlen wie die Kohlenstoffgehalte $14 : 12{,}4 = 0{,}2 : x$; daraus

$$x = \frac{12{,}4 \cdot 0{,}2}{14} = 0{,}18\,\%\ \mathrm{C}.$$

10. Graphitbestimmung.

Man löst in einem Becherglas von 10 cm Höhe 1 g Roheisen, in 40 ccm Salpetersäure (1,2) bei aufgelegtem Uhrglase. Um eine stärkere Erhitzung zu vermeiden, taucht man das Becherglas so lange in kaltes Wasser, bis das heftige Aufschäumen vorbei ist.

---

[1] Dies alles kann man unter Hinweis auf die kolorimetrische Kohlenstoffbestimmung überall beziehen.

[2] Bei der Bestellung ist zu betonen, daß sie chlorfrei sein muß.

Nachdem alles gelöst ist, was nach etwa $^1/_2$stündigem Erhitzen auf dem Sandbade der Fall ist, fügt man 1 ccm Flußsäure aus einem bleiernem Meßgefäß[1] hinzu, ohne sie an der Gefäßwand herunterfließen zu lassen. Nunmehr verdünnt man mit heißem Wasser auf das doppelte Volumen. Zum Filtrieren benutzt man einen Goochtiegel aus Porzellan (als solcher käuflich), der einen siebartig durchlöcherten Boden hat. Auf diesen Boden wird eine genau geschnittene, kreisrunde Scheibe aus Filterpapier (Schwarzband), die bei Schleicher & Schüll in Düren käuflich ist, gelegt (2 cm ⌀) und mit Wasser angefeuchtet, damit sie glatt anliegt. Diese Papierscheibe muß vorher getrocknet und gewogen werden.

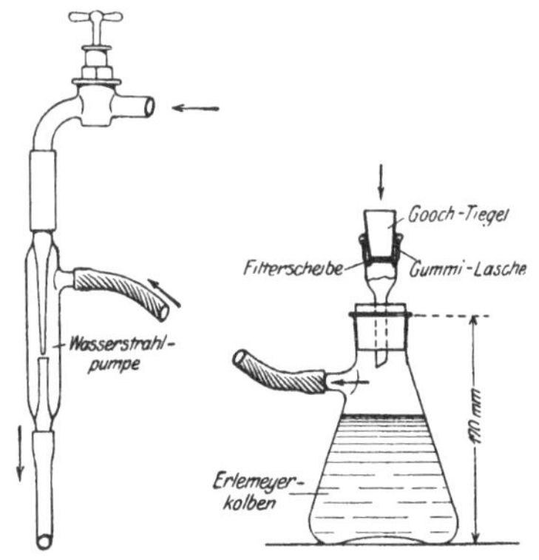

Abb. 8. Abfiltrieren des Graphits mit Hilfe der Saugflasche.

Man filtriert unter Anwendung der Saugflasche (Abb. 8). Das Auswaschen geschieht mit heißem Wasser. Man wäscht so lange aus, bis Rhodankaliumlösung[2] keine Rotfärbung ergibt. Darauf bringt man den Tiegel in den Trockenschrank und trocknet bei 110° solange, bis Gewichtsbeständigkeit eingetreten ist (etwa 2 Stunden). Nunmehr wägt man und verbrennt dann das Filter und den Graphit, indem man Tiegel mit Inhalt in eine geheizte Muffel bringt. Sehr geeignet ist auch ein elektrisch geheizter Tiegelofen (Heräus)[3].

Man hat drei Wägungen auszuführen: a) getrocknete Filterpapierscheibe, b) Tiegel mit Filter und Graphit, c) Tiegel nach der Verbrennung, also ohne Filter und Graphit. Unterschied: b — (c + a) ergibt die Graphitmenge.

Hat man genau nach der Vorschrift gearbeitet, so bleibt nach dem Verbrennen kein wägbarer Rückstand im Tiegel.

[1] Gläserne Gefäße sind in diesem Falle unbrauchbar. Jeder Schlosser oder Klempner kann ein solches bleiernes Gefäß herstellen.

[2] Reaktion auf Fe.

[3] Nach einem Vorschlage von Pinsl (Gießerei 1926, S. 273) kann man auch einen Platintiegel mit Platinschwamm (Neubaurplatintiegel) benutzen und bei 200° anstatt bei 100° trocknen, was eine Zeitersparnis bedingt.

11. Kupferbestimmung im Roheisen, Stahl und Schmiedeisen.

Man fällt Cu_2S aus der schwefelsauren Lösung mit Hilfe von Thiosulfat und führt dies durch Glühen in CuO über.

Man löst 10 g Einwage in einem Erlenmeyerkolben (750 ccm Inhalt) mit 100 ccm Schwefelsäure (1,14) bei eingehängtem Trichter. Dieser ist notwendig, um eine Oxydation des Eisens unter Bildung von Ferrisulfat zu vermeiden. Nachdem alles gelöst ist, was gewöhnlich nach $^1/_2$ Stunde der Fall ist, filtriert man behufs Abscheidung von Kieselsäure und Graphit durch ein Schwarzbandfilter in einen anderen Erlenmeyerkolben gleicher Größe und wäscht mit heißem Wasser solange aus, bis Chlorbarium[1] keine Trübung ergibt. Das Filtrat, welches das Kupfer enthält, bringt man zum Sieden und trägt dann tropfenweise heiße Natriumthiosulfatlösung[2] ein, solange, bis weiße Schleier (Schwaden) in der Flüssigkeit auftreten, die von ausgeschiedenem Schwefel herrühren. Das Kupfer wird dabei als schwarzes Cu_2S ausgefällt. Man kocht die Lösung solange, bis sie klar geworden ist, ein Beweis dafür, daß Cu_2S und S sich zusammengeballt haben. Ein zu langes Kochen vermeidet man. Dann filtriert man durch ein Schwarzbandfilter, wäscht mit Wasser (besser mit H_2S-haltigem Wasser) aus, verascht und glüht in einem zuvor gewogenen Porzellantiegel und wägt aus.

Solange unverbranntes Filterpapier vorhanden ist (vgl. unter 6), darf man die Temperatur nicht erhöhen, und auch dann darf man nicht über schwache Rotglut hinausgehen. Man bringt CuO zur Auswage.

Berechnung: 1 g Kupferoxyd entspricht 0,799 g Kupfer. Bei 10 g Einwage und z. B. 0,0346 g CuO ergeben sich

$$\frac{0{,}0346}{10} \cdot 0{,}799 \cdot 100 = 0{,}276\,\%\ \mathrm{Cu}\,.$$

12. Nickelbestimmung im Roheisen, Stahl und Schmiedeisen

durch Fällung mit Dimethylglyoxim als Nickelglyoxim.

Man löst bei Legierungen mit weniger als 2% Ni 1 g (bei höheren Gehalten entsprechend weniger) in 40 ccm HNO_3 (1,2). Man ver-

[1] Reaktion auf Schwefelsäure.

[2] 250 g Natriumthiosulfat in 1 l Wasser lösen.

wendet zum Lösen ein Becherglas von 10 cm Höhe bei aufgelegtem Uhrglas und verfährt beim Oxydieren ebenso wie bei der Manganbestimmung. Das abgeschiedene SiO_2 und etwaiger Graphit wird abfiltriert, mit heißem Wasser ausgewaschen, bis Rhodankalium[1] keine Rotfärbung mehr ergibt. Das Filtrat wird in einem Becherglas, das etwa 500 ccm faßt, auf 200 ccm verdünnt, 3 g Weinsäure (fest) zugesetzt und schwach ammoniakalisch gemacht (Lackmuspapier). Der Zusatz von Weinsäure erfolgt, um das Eisen in Lösung zu halten, das sonst mit Ammoniak ausfallen würde. Ist richtig gearbeitet, so darf kein Niederschlag entstehen. Nunmehr wird die Lösung wieder schwach mit HCl (1,12) angesäuert, bis nahe zum Sieden erhitzt und 20 ccm Dimethylglyoxim[2] hinzugegeben. Dann wird die Lösung wieder schwach ammoniakalisch gemacht, wobei alles Ni als rotes Nickelglyoxim ausfällt. Nach 2 Stunden kann filtriert werden, und zwar unter Anwendung eines Goochtiegels aus Porzellan mit Filterscheibe, genau wie bei der Graphitbestimmung. Der Niederschlag wird 20mal mit heißem Wasser ausgewaschen, bei 120° im Trockenschrank bis zur Gewichtskonstanz getrocknet und gewogen. Zur Auswage gelangt Nickelglyoxim.

Berechnung: Man führt zwei Wägungen aus: a) Tiegel + getrocknete Filterpapierscheibe, b) Tiegel + Filterpapierscheibe + Niederschlag, nach Verlassen des Trockenschrankes. 1 g Nickelglyoxim entspricht 0,2031 g Ni. Bei 0,5 g Einwage und beispielsweise 0,0680 g Auswage an Nickelglyoxim ergeben sich

$$\frac{0{,}0680}{0{,}5} \cdot 0{,}2031 \cdot 100 = 2{,}76\,\%\ \mathrm{Ni}\,.$$

13. Chrombestimmung im Roheisen, Stahl und Schmiedeisen.

Man oxydiert das Chrom in der Lösung zu Chromsäure und reduziert letztere wieder durch Eintragen einer $FeSO_4$-Lösung, deren Überschuß man mit Chamäleonlösung zurücktitriert.

In einem Erlenmeyerkolben von 750 ccm Fassungsvermögen trägt man 1 g Probegut ein und gibt 30 ccm H_2SO_4 (1,14) und 70 ccm Wasser darauf. Man löst auf dem Sandbade. Wenn die Gasentwicklung aufgehört hat, setzt man so viel festes Kaliumperman-

[1] Reaktion auf Fe.

[2] Dimethylglyoxim in fester Form (u. a. von Merck in Darmstadt), 1 g in 100 ccm absolutem Alkohol (98proz.), lösen.

ganat zu der kochenden Lösung, daß sich diese rot färbt, und setzt das Kochen solange fort, bis das gesamte überschüssige Kaliumpermanganat unter Ausscheidung von MnO_2 zersetzt und die dunkelrote Farbe der Lösung einer gelben oder gelbroten Farbe gewichen ist. Das dabei verdampfte Wasser wird ersetzt. Dadurch, daß man den Kolben wie bei der Manganbestimmung schräg legt, kann man erkennen, ob dies vollständig eingetreten ist. Es bildet sich dabei ein dunkler Niederschlag von MnO_2 (Braunstein), der durch ein Schwarzbandfilter zusammen mit SiO_2 und Graphit abfiltriert wird. Das Filter wird etwa 10mal mit heißem Wasser ausgewaschen, bis Chlorbarium[1] keine Trübung ergibt. Das erkaltete Filtrat wird mit einer genau abgemessenen Menge $FeSO_4$Lösung[2] versetzt und dann bis zur Rosafärbung mit Kaliumpermanganatlösung der Überschuß von $FeSO_4$ zurücktitriert. Man setzt dabei die $FeSO_4$-Lösung in Portionen von 5 ccm nacheinander aus einer Pipette zu und schüttelt nach jedem Zusatz gut um, bis ein Farbenumschlag von gelb nach grün entsteht, der anzeigt, daß Chromsäure zu Chromoxyd reduziert ist. Nach dieser ersten Titration titriert man die gleiche Menge derselben $FeSO_4$-Lösung, die man zugesetzt hat, für sich mit derselben Permanganatlösung bis zur Rosafärbung. Es ist darauf zu achten, daß gleichgroße Flüssigkeitsmengen bei den einzelnen Titrationen vorhanden sind. Bei einiger Übung kann man die letztgenannte Titration auch im unmittelbaren Anschluß in demselben Kolben ausführen.

Berechnung (Beispiel):

Einwage	1 g
Verbrauch an	
Eisenvitriollösung	10 ccm
Permanganatlösung bei der ersten Titration	6,50 ccm
Permanganatlösung bei der zweiten Titration	12,15 ccm
Unterschied	5,65 ccm

Chromgehalt in Proz. =

$$5{,}65 \cdot \text{Eisentiter der Permanganatlösung}^{3} \cdot 0{,}31 \cdot \frac{100}{\text{Einwage}}.$$

[1] Reaktion auf Schwefelsäure.

[2] 50 g krist. Eisenvitriol, in einem Gemisch von 800 ccm Wasser und 200 ccm konz. Schwefelsäure (1,84) gelöst.

[3] Vgl. Teil II unter Chrombestimmung, um die Zahl 0,31 zu erklären.

Ist der Eisentiter $= 0{,}01047$, so ist der Titer auf Chrom $= 0{,}01047 \cdot 0{,}31 = 0{,}00324$, und es beträgt der Chromgehalt $= 5{,}65 \cdot 0{,}00324 \cdot 100 = 1{,}83\%$.

14. Betriebsanalyse des Zuschlagkalksteins.

A. Schnellbestimmung des Glühverlustes, des CaO- und des MgO-Gehalts.

Man glüht, wägt den Glührückstand und bestimmt in ihm nach Lösen in Chlorammonium CaO als oxalsaures Kalzium durch Titration und MgO als Magnesiumpyrophosphat durch Auswägen. Letztere Bestimmung kann vielfach vernachlässigt werden.

Man wägt 1 g der im Achatmörser fein verriebenen Substanz ein und glüht im Porzellantiegel oder Schälchen[1] in der heißen Muffel bis zur Gewichtskonstanz (meist reichen 2 Stunden aus). Der Gewichtsverlust oder Glühverlust bedeutet Gehalt an Feuchtigkeit, CO_2 und etwaiger organischer Substanz.

Der Glührückstand wird zunächst mit einigen Tropfen Wasser benetzt, dann spritzt man ihn mit wenig Wasser in ein Becherglas von etwa 150 ccm Inhalt und übergießt ihn mit 30 ccm Chlorammoniumlösung[2]. Man gibt in das Schälchen, in dem geglüht ist, ebenfalls einige Kubikzentimeter Chlorammoniumlösung und stellt es warm, um etwa anhaftende Teilchen zu lösen, und vereinigt den Schälcheninhalt mit dem des Becherglases.

Dann kocht man, bis der sofort auftretende Ammoniakgeruch verschwunden ist, hält das Becheerglas aber dabei bedeckt und ersetzt das verdampfende Wasser. Dabei empfiehlt es sich, zuvor am Becherglas eine Marke mit Farbstift anzubringen. Hierbei werden die ursprünglich als Karbonate vorhandenen Oxyde des Kalziums und Magnesiums in Chloride übergeführt, während die anderen Bestandteile des Gesteins: Silikate, Phosphate, Sulfate, Eisen- und Manganoxyde, Tonerde usw. unzersetzt bleiben.

Der meist flockige, hellbraunrote bis dunkelbraune Rückstand wird abfiltriert, mit heißem Wasser ausgewaschen, bis Silbernitrat nach Ansäuern mit Salpetersäure keine Trübung mehr ergibt[3].

---

[1] Als Veraschungsschälchen käuflich.

[2] 300 g Chlorammonium in 1 l Wasser. Vgl. S. 9.

[3] Reaktion auf Chlorverbindungen, die aber nicht in ammoniakalischer Lösung zustande kommt.

Das wasserklare Filtrat wird in einem Meßkolben aufgefangen, auf 500 ccm aufgefüllt und gut umgeschüttelt. Alsdann pipettiert man 100 ccm der Lösung in einen Erlenmeyerkolben von etwa 500 ccm Fassungsvermögen, versetzt sie mit 1 ccm Ammoniak, erhitzt bis zum Sieden und fügt tropfenweise 20 ccm heißes Ammoniumoxalat[1] hinzu. Man kocht noch 5 Minuten und läßt den entstandenen weißen, kristallinen Niederschlag von Kalziumoxalat 30 Minuten absitzen.

Nunmehr filtriert man durch ein Schwarzbandfilter und wäscht mit kaltem Wasser so lange aus, bis 1 Tropfen mit H_2SO_4 angesäuerte Chamäleonlösung durch die Waschflüssigkeit nicht mehr entfärbt wird[2].

Das Filter wird alsdann aus dem Trichter herausgenommen, in das Fällungsgefäß zurückgebracht und mit einem kleinen Stück Filtrierpapier die am Glase etwa zurückgebliebenen Niederschlagsreste hinzugefügt.

Man führt 100 ccm heißes Wasser ein und zerschlägt das Filter durch Schütteln des Kolbens. Darauf setzt man 30 ccm H_2SO_4 (1,14) zu, schüttelt gut um und titriert unter weiterem Umschütteln mit Chamäleonlösung bis zur schwachen Rosafärbung. Das Schütteln der Lösung muß sorgfältig geübt werden, da anfangs die Reaktion träge ist und eine Rotfärbung entsteht, die erst beim Schütteln verschwindet. Man verwendet dieselbe Chamäleonlösung wie bei der Manganbestimmung. Die Hälfte des Eisentiters ist gleich dem Titer für CaO (vgl. Teil II unter 14).

Berechnungsbeispiel:

Einwage 1 g der geglühten Substanz. Filtrat auf 500 ccm aufgefüllt. Davon 100 ccm = $^1/_5$ der Einwage = 0,2 g abpipettiert zur Fällung und Titration.

Verbrauch an Chamäleonlösung = 20,0 ccm.

$$\text{Eisentiter} = 0{,}0104, \quad \text{also} \quad \text{CaO-Titer} = \frac{0{,}0104}{2} = 0{,}0052.$$

$$\text{CaO-Gehalt in Proz.} = 20{,}0 \cdot 0{,}0052 \cdot \frac{100}{0{,}2} = 52{,}00\,\%.$$

Das Filtrat der Kalkbestimmung wird nunmehr zur Bestimmung der Magnesia auf 80° (genau innehalten!) erhitzt und mit

[1] 36 g Ammoniumoxalat in 1 l Wasser.

[2] Reaktion auf Oxalsäure.

50 ccm Ammoniak (0,91) und 20 ccm Natriumphosphat[1] versetzt. Dabei stellt man das Becherglas in eine große Schale (ungefähr 2 l fassend) voll kalten Wassers und rührt mit einem gummibewehrten Glasstabe solange, bis der Inhalt des Becherglases erkaltet ist. Eine Stunde später kann man bereits filtrieren[2]. Es geschieht dies unter Anwendung eines Blaubandfilters. Die Anwendung der Gummibewehrung des Glasstabes soll verhindern, daß Kratzer am Glase entstehen, an denen der Niederschlag sehr fest haftet. Man wäscht mit ammoniakhaltigem Wasser aus, bis Silbernitrat[3] in der mit Salpetersäure angesäuerten Probe des Waschwassers keine Trübung erfährt.

Man verascht in einem vorher gewogenen Porzellantiegel und glüht, bis der Niederschlag weiß ist. Sollten auch bei längerem Glühen schwarze Körper zurückbleiben, fügt man einige Tropfen Ammonnitrat hinzu, verdampft vorsichtig und setzt das Glühen fort.

Der geglühte Niederschlag stellt Magnesiumpyrophosphat dar. $Mg_2P_2O_7$.

Berechnung:

1 g $Mg_2P_2O_7$ entspricht 0,3624 g MgO.

Bei 0,2 g Einwage (wie oben) und einer Auswage von 0,0080 g $Mg_2P_2O_7$ ergibt sich: $\frac{0,0080 \cdot 0,3624 \cdot 100}{0,2} = 1,45\%$ MgO.

B. Vollständige Analyse des Kalksteins.

Die vollständige Analyse des Kalksteins wird in derselben Weise ausgeführt wie die vollständige Analyse der Kupolofenschlacke (vgl. unter 16); nur genügt es meist, den Kalkstein einfach in Salzsäure zu lösen. Man löst 2,5 g Probegut in einer Porzellanschale bei aufgelegtem Uhrglase mit 50 ccm Salzsäure (1,19) und dampft zur Trockne ein, um dann den unlöslichen Rückstand abzufiltrieren. Eisen und Tonerde wird im Filtrat durch Ammoniak gefällt. Sollte eine Trennung nötig sein, so verfahre man so, wie es bei der Analyse der Metallegierung unter 24 angegeben ist.

Sollte der Verdacht bestehen, daß der Kalkstein gipshaltig ist, so ist ein Aufschluß mit Natriumsuperoxyd nicht zu umgehen. Man verfährt dann ebenso wie bei der Kupolofenschlacke und bestimmt den Schwefelgehalt.

[1] 100 g des käuflichen Salzes in 1 l Wasser lösen.

[2] Man kann den Niederschlag auch in der Kälte erzeugen, muß dann aber 12 Stunden stehen lassen.

[3] Reaktion auf Chlorverbindungen.

15. Betriebsanalyse der Kupolofenschlacke.

Schnellbestimmung des CaO-, S-, Fe- und Mn-Gehaltes[1].

A. Lösung der Schlacke.

Die Schlacke ist in Säuren nicht vollständig löslich. Man kann diesem Übelstande nicht durch Zugabe von Flußsäure abhelfen, weil dann Fluorkalzium entsteht, welches das Ergebnis der CaO-Bestimmung fälscht. Ein Aufschluß mit Alkalikarbonat verbietet sich, weil Platintiegel heute nur da angewandt werden dürfen, wo kein anderer Weg übrigbleibt. Infolgedessen muß im Eisentiegel mit Natriumperoxyd (Natriumsuperoxyd) aufgeschlossen werden, was in kurzer Zeit bewerkstelligt wird und den Eisentiegel bei richtiger Handhabung nicht stark angreift, so daß er zehn und mehr Schmelzen aushält.

Man bedeckt den Boden des Tiegels (4 cm Durchmesser oben, 4 cm hoch, 1 mm stark) mit etwa 1 g Natriumperoxyd, wägt 2,0 g feingeriebenes Probegut ein und gibt darauf 3 g Natriumperoxyd. Man rührt mit einem Glasstabe um, um innig zu mischen, hütet sich aber, bis zum Boden durchzustoßen, damit unten eine Lage von Peroxyd bleibt. Dann gibt man 1—2 g Natriumperoxyd als Decke.

Man erhitzt mit schwacher Flamme bei offenem Tiegel solange, bis die hellgelbe Farbe des Peroxyds einer dunkelgelben gewichen ist, ein Zeichen, daß das Wasser ausgetrieben ist und nunmehr mit heißer Flamme gearbeitet werden kann.

Alsdann erhitzt man im offenen Tiegel solange, bis Schmelzfluß zustande kommt, was man durch Drehen des Tiegels unterstützt. Gegen Ende schwenkt man den Tiegel, um die am Rande sitzende Kruste hineinzulösen, und hat schließlich einen klaren, dunklen, durchsichtigen Schmelzfluß. Versäumt man das Umschwenken, kann leicht der Tiegel an einer Seite durchschmelzen. Die Schmelze kann innerhalb 10 Minuten, vom Anzünden der Flamme gerechnet, beendet sein.

Darauf läßt man den Tiegel auf einer Eisenplatte erkalten, bis man ihn anfassen kann, legt ihn dann in ein Becherglas (etwa

[1] Dies Verfahren ist vom Verfasser angegeben, um die Menge der Kupolofenschlacke jederzeit im Betriebe durch Berechnung auf der CaO-Basis ermitteln zu können. Ist dies geschehen, kann man leicht die Menge des abgeschmolzenen Ofenfutters feststellen (vgl. Gießereizeitung 1920, S. 257 und 275).

400 ccm fassend) und läßt bei aufgelegtem Uhrglas so viel Wasser einfließen, bis der Tiegel eben bedeckt ist. Die Auflösung erfolgt sehr rasch unter starkem Aufbrausen infolge Entweichens von Sauerstoff. Infolge der Reaktionswärme kommt vielfach die Lösung ins Sieden. Man läßt dies vorübergehen, fischt den Tiegel heraus und spült ihn mit Wasser ab, was sehr leicht vor sich geht. Nunmehr gibt man vorsichtig und bei aufgelegtem Uhrglas Salzsäure (1,19) hinzu, bis der bräunliche Niederschlag gelöst ist. Ein größerer Überschuß von Salzsäure ist zu vermeiden.

Schwarze Flitterchen, die sich rasch zu Boden setzen, bestehen aus Glühspan und rühren von dem Eisen des Tiegels her. Man fängt sie beim Überführen in den Kolben in einem Filter auf, kann sie aber auch in der Lösung belassen, wenn man schnell genug die unter B, C und D folgenden Arbeiten ausführt.

Die Lösung wird in einen 500 ccm fassenden Meßkolben umgegossen und gekocht, bis etwa ausgeschiedene dunkelbraune Flocken von Mangansuperoxyd sich aufgelöst haben, der Geruch nach Chlor verschwunden ist, und eine Blaufärbung von Jodkaliumstärkepapier nicht mehr eintritt.

Nach der Abkühlung wird der Kolben bis zur Marke gefüllt.

B. Bestimmung des CaO.

Man pipettiert von der so vorbereiteten salzsauren Lösung 100 ccm (0,4 g) ab und gibt sie in einen 500 ccm fassenden Meßkolben, erhitzt zum Kochen und fügt 2 ccm gelbe Schwefelammonlösung hinzu (käufliche Schwefelammonlösung „Zur Analyse“). Darauf gibt man sofort zur Fällung von Eisen, Mangan, Tonerde und etwa vorhandener P_2O_5 und TiO_2 so viel Ammoniak hinzu, daß ein deutlicher Geruch nach Ammoniak, auch nach dem darauffolgenden kurzen Aufkochen bestehen bleibt, läßt dann abkühlen und füllt bis zur Marke auf.

Der beim Zusatz von Schwefelammon entstehende milchige Niederschlag von Schwefel färbt sich beim Zufügen von Ammoniak unter Entstehung von Schwefeleisen und Schwefelmangan, schwarz. Die beiden letzteren hüllen den Schwefel derartig ein, daß er nicht durchs Filter geht.

Man filtriert durch ein trockenes Faltenfilter in ein trockenes Becherglas, pipettiert von dem klaren Filtrat 250 ccm (0,2 g) in einen Erlenmeyerkolben (750 ccm Inhalt), fügt noch etwas Ammoniak hinzu und fällt aus der kochenden Lösung durch tropfenweisen Zusatz von ebenfalls kochendem Ammonoxalat CaO als Kalziumoxalat aus.

Im übrigen verfährt man wie bei der CaO-Bestimmung im Zuschlagkalkstein.

C. Schwefelbestimmung.

Man nimmt 100 ccm der salzsauren Lösung heraus, engt sie auf etwa ein Drittel ein, erhitzt zum Sieden und fällt durch tropfenweisen Zusatz von ebenfalls kochender Chlorbariumlösung[1] (20 ccm) die Schwefelsäure als Bariumsulfat. Der Niederschlag wird durch ein Blaubandfilter filtriert, mit heißem Wasser ausgewaschen (Prüfung mit Silbernitrat), geglüht und gewogen. Berechnung wie bei 23.

D. Eisenbestimmung.

Diese kann nicht unter Benutzung der bisher angewendeten Lösung geschehen, weil sich ein Teil des Tiegels auflöst und auf diese Weise der Eisen- und Mangangehalt angereichert wird.

Für die Eisenbestimmung wiegt man 1 g der sehr fein geriebenen Schlacke ab, erhitzt sie zum Kochen mit 25 ccm Salzsäure (1,19) in einem kleinen Erlenmeyerkolben und fügt 1 ccm Flußsäure[2] hinzu. Man wiederholt die Zugabe, falls noch nicht alles gelöst ist, und kocht, bis die Lösung des Rückstandes vollendet ist, was keine Schwierigkeiten bereitet. Man verdünnt mit heißem Wasser auf etwa 100 ccm, reduziert durch tropfenweisen Zusatz von Zinnchlorürlösung[3] bis zur Entfärbung, kühlt ab und fügt zur Unschädlichmachung eines etwaigen Überschusses an Zinnchlorür 10 ccm Quecksilberchloridlösung[3] zu, wodurch nur ein geringer weißer Niederschlag entstehen darf. Die Lösung gießt man in eine große Schale, welche 1 l Leitungswasser enthält, dem zuvor 60 ccm Mangansulfatlösung[3] zugesetzt sind, und das mit einigen Tropfen Chamäleonlösung gerade rosa gefärbt worden ist,

---

[1] 100 g pulverisiertes Chlorbarium in 1 l Wasser. Nach dem Lösen filtrieren.

[2] Man benutzt dabei kleine Maßgefäße aus Blei, die jeder Klempner anfertigen kann, und läßt die Flußsäure nicht an der Gefäßwand herunterfließen. Im Notfalle kann man auch die Flußsäure aus der Hartgummiflasche eintropfen lassen. Vorsicht beim Arbeiten mit Flußsäure in bezug auf die Atmungsorgane und die Hände!

[3] Vgl. unter Titerstellung S. 1.

um die organischen Bestandteile des Leitungswassers unschädlich zu machen. Dann titriert man mit Permanganatlösung von bekanntem Titer, bis die Färbung, die das Wasser vorher hatte, wieder erreicht ist. Hinsichtlich der Berechnung vgl. S. 2.

Auch hier ist die Anwendung der auf das Fünffache verdünnten Chamäleonlösung zu empfehlen, da die Schlacken normalerweise einen nur geringen Eisengehalt haben.

E. Manganbestimmung.

Es gilt dasselbe wie bei der Eisenbestimmung. Man löst ebenso wie bei dieser 2 g Probegut in 50 ccm Salzsäure (1,19), unter Zufügung von 1 ccm Flußsäure in einem Erlenmeyerkolben[1]. Man kocht bis zur vollständigen Lösung[2] und spült in einem Meßkolben von 500 ccm über, um ein Auswaschen des durch ZnO erzeugten Niederschlag durch Teilung der Lösung zu umgehen.

Bevor man Zinkoxyd wie bei der Manganbestimmung (vgl. S. 6) einsetzt, muß man oxydieren, was unter Zufügen 1 Tablette Kaliumchlorat[3] in kochender Lösung geschieht. Nach dem Wegkochen der Chlordämpfe verfährt man ebenso wie bei der Manganbestimmung im Roheisen.

16. Vollständige Analyse der Kupolofenschlacke.

Sollte sie verlangt werden, so wägt man 2 g Probegut ab und schließt es in der gleichen Weise wie bei der Schnellanalyse auf, führt aber den Tiegelinhalt in eine Porzellanschale oder Kasserolle statt in ein Becherglas über und löst ihn ebenso, wie es bei der Schnellanalyse angegeben ist.

Kieselsäurebestimmung:

Nach vollständiger Lösung aller Oxyde dampft man bis zur vollständigen Staubtrockne ein. Dies kann bei abgehobenem Uhrglase geschehen. Nachdem alle Flüssigkeit verschwunden ist, setzt man das Erhitzen 15 Minuten an einer warmen Stelle (etwa 130°) des Sandbades oder über dem Drahtnetz fort, hütet sich aber davor, allzu große Hitze anzuwenden, weil sonst unlösliche Oxyde von Fe und Al entstehen. Nach dem Erkalten befeuchtet

---

[1] Man löst in einem Erlenmeyerkolben und nicht in einem Meßkolben, weil letzterer im Hinblick auf den Angriff der Flußsäure zu wertvoll ist.

[2] In der Schlacke ist meist Graphit. Er stört die Bestimmung nicht.

[3] Solche Tabletten sind im Stückgewicht von 0,3 g überall erhältlich.

man die Kruste mit heißem Wasser, dann vom Rande her mit 10 ccm Salzsäure (1,19). Alsdann füllt man die Schale mit kochendem Wasser bis zur Hälfte auf und filtriert die Kieselsäure ab, indem man ebenso sorgfältig und in gleicher Weise wie bei der Siliziumbestimmung auswäscht.

Das Filtrat, das immer gelöste SiO_2 enthält, wird in einer Porzellanschale aufgefangen und nochmals in gleicher Weise wie oben eingedampft, gelöst und filtriert.

Beide Filtrate werden in einem Meßkolben von 500 ccm vereinigt und geteilt:

	100 ccm	für die Tonerdebestimmung,
2 · 50 =	100 „	„ „ Manganbestimmung (Vorprobe und Fertigprobe),
	200 „	„ „ CaO und anschließend MgO-Bestimmung,
	100 „	„ „ Schwefelbestimmung.
	500 ccm	

Die beiden Filter werden mit ihrem Inhalt in gleicher Weise verascht, wie es bei der Siliziumbestimmung geschieht. Zur Auswage gelangt SiO_2.

Die Eisenbestimmung wird im Sinne des Verfahrens der Betriebsanalyse in einer gesonderten Probe vorgenommen. Phosphorsäure und Titansäure brauchen unter gewöhnlichen Verhältnissen nicht berücksichtigt zu werden.

Tonerdebestimmung:

Man neutralisiert mit Ammoniak, säuert wieder mit 4 ccm Salzsäure (1,19) an und fügt 20 ccm Natriumphosphatlösung[1] hinzu. Man schüttelt solange, bis die Lösung klar geworden ist und fällt unter 15 Minuten währendem Kochen, unter Zusatz von 50 ccm Natriumthiosulfatlösung[2] und 15 ccm Essigsäure, die Tonerde aus. Sollte noch ein Geruch nach SO_2 bestehen, so muß man das Kochen fortsetzen. Man filtriert, ohne absetzen zu lassen, so heiß wie möglich und wäscht mit heißem Wasser aus, bis Silbernitrat keine Trübung erfährt[3], trocknet, verascht und glüht in einem vorher gewogenen Porzellantiegel. Zur Auswage gelangt Aluminiumphosphat $AlPO_4$.

[1] Vgl. bei der Magnesiabestimmung im Kalkstein.

[2] Vgl. die Lösung bei der Kupferbestimmung.

[3] Reaktion auf Chlorverbindungen, in diesem Falle Salzsäure.

Berechnung: Einwage 2 g; davon $^{100}/_{500} = 0,4$ g. 1 g $AlPO_4$ entspricht 0,4181 g Al_2O_3. Bei einer Auswage von beispielsweise 0,0520 g $AlPO_4$ ergibt sich

$$\frac{0,0520 \cdot 0,4181 \cdot 100}{0,4} = 5,44\,\%\,Al_2O_3\,.$$

Manganbestimmung: wie bei der Betriebsanalyse der Kupolofenschlacke.

CaO-Bestimmung ebenso.

MgO-Bestimmung:

Das Filtrat der CaO-Bestimmung wird in gleicher Weise wie bei der Kalksteinanalyse behandelt.

Schwefelbestimmung: wie bei der Betriebsanalyse.

Alkalien aus der Differenz gegen 100%.

17. Feuerfestes Material.

(Kupolofensteine, Stampf- und Ausschmiermasse, Schamott und Ton als Formmasse für Stahlguß.)

Die Analyse wird in gleicher Weise wie bei der Kupolofenschlacke ausgeführt. Man wählt auch dieselbe Einwage.

Auf die Mangan- und Schwefelbestimmung kann man meist verzichten.

Bei Stampfmasse und Ton muß man den Glühverlust bestimmen. Dies geschieht in gleicher Weise wie beim Kalkstein.

18. Formsand.

Die Analyse geschieht in gleicher Weise wie bei dem feuerfesten Material. Man muß hier auch den Glühverlust bestimmen, schon deshalb, weil organische Substanz vorhanden sein kann.

19. Kohlenstoffbestimmung im Graphit.

(Schwefel im Graphit siehe unter 23.)

Man verbrennt 0,1 g im elektrischen Ofen, wie er zur Kohlenstoffbestimmung im Eisen benutzt wird, und fängt die Kohlensäure in Natronkalk auf.

Berechnung: Wie bei der Kohlenstoffbestimmung des Eisens unter 8.

20. Feuchtigkeitsbestimmung im Koks und in der Kohle.

Man unterscheidet Dauerproben und gewöhnliche Proben, die von Zeit zu Zeit ausgeführt werden. Bei den ersteren wird z. B. in folgender Weise verfahren, wenn es sich um Koks handelt: Von jedem Eisenbahnwagen wird eine Karre Probegut ohne Zerkleinerung entnommen, dann auf dem Fußboden zerschlagen und aus den eigroßen Stücken wieder Probe genommen (etwa $^1/_4$ der ursprünglichen Menge); dann diese Probe wieder in haselnußgroße Stücke zerkleinert und ein Teil herausgenommen, so daß von jeder Wagenladung etwa 5 kg in einen großen Blechkasten hineingewogen werden. Am Wochen- oder Monatsschluß wird der Blechkasten, der auf einem Dampfkessel oder auf einer Trockenkammer steht, gewogen. Bei dieser Methode besteht beim Zerkleinern kein nennenswerter Feuchtigkeitsverlust.

Will man schnell ein Ergebnis haben, so muß man zu Pulver zerkleinern, am besten auf einer Mühle; fehlt diese, durch Stampfen. Man verwendet zum Trocknen dann flache, am besten emaillierte Blechkästen, in denen das Probegut 3—4 cm (nicht höher) liegt. Diese Blechkästen stehen in einem Trockenschrank oder auf dem Sandbade (110°—130°).

Die Feuchtigkeit der Kohle muß mit großer Vorsicht festgestellt werden. Die Temperatur darf nicht über 100° hinausgehen, weil sonst flüchtige Bestandteile mit dem Wasser entweichen. Man zerkleinert die Kohlen auf Haselnußgröße und bringt sie in Mengen von 1—2 kg in einen Blechkasten und setzt diesen solange in einen Trockenschrank, bis Gewichtsbeständigkeit eingetreten ist.

21. Aschenbestimmung im Koks oder in der Kohle.

1 g getrockneter und fein gepulverter Koks wird im offenen Veraschungsschälchen aus Porzellan[1] in der nicht zu heißen Muffel verbrannt. Am besten wägt man 1 g Probegut auf einem Uhrgläschen ab und bürstet es in das Schälchen. Man setzt in die kalte Muffel ein. Nach 2 Stunden ist die Probe vollständig verascht. Um dies in Zweifelsfällen festzustellen, läßt man etwas erkalten und beobachtet beim Umrühren mit einem Glasstäbchen, ob noch dunkle Körper vorhanden sind, die von unverbranntem Koks herrühren. Man wägt das Schälchen mit der Asche, bürstet

[1] Als solche käuflich.

sie dann herunter und zieht das Gewicht des leeren Schälchens ab. Den Aschengehalt gibt man für getrocknetes Probegut an. Man verwende keine Gebläsemuffel, da sonst Verstaubungsverluste entstehen können.

Bei Kohle hält man das Veraschungsschälchen in der ersten halben Stunde mit einem anderen Schälchen oder einem Tiegeldeckel bedeckt, um Verluste infolge des Zerspringens der Kohlenkörper zu verhüten. Sonst verfährt man ebenso.

22. Analyse der Koksasche.

Die Analyse wird in gleicher Weise wie die der Kupolofenschlacke (16) ausgeführt.

23. Schwefelbestimmung im Koks, in der Kohle und im Graphit.

1 g feingepulverte Substanz wird im offenen Eisentiegel innig mit 4 g Eschkamischung[1] vermischt und dann noch eine Decke von etwa 2 g Eschkamischung gegeben. Der Tiegel wird in der heißen Muffel etwa 1 Stunde lang geglüht (vgl. auch Abb. 9). Man muß das Einsetzen bei kalter Muffel ausführen. Ein Rühren des Tiegelinhalts ist nicht erforderlich und auch nicht zweckmäßig. Den Tiegel legt man nach dem Abkühlen in ein Becherglas von 10 cm Höhe mit heißem Wasser und spült ihn ab. Schwarze Punkte dürfen dabei nicht zum Vorschein kommen. Sie sind ein Beweis für das Vorhandensein unverbrannter Kohle. In das Becherglas fügt man dann Bromwasser unter dem Abzuge bis zur schwachen Gelbfärbung hinzu und kocht $^3/_4$ Stunden lang. Dann spült man den Inhalt des Becherglases in einen Meßkolben von 500 ccm Inhalt, läßt erkalten und füllt bis zur Marke auf. Dann filtriert man durch ein trockenes Faltenfilter in trockenem Trichter, in einen trockenen Meßkolben von 250 ccm Inhalt

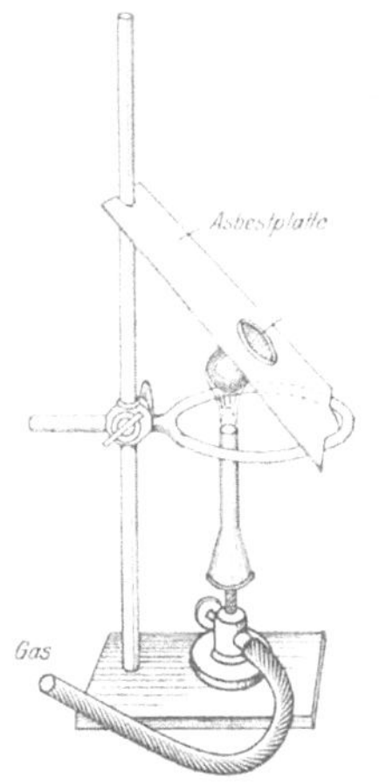

Abb. 9 stellt einen Apparat dar, wie er aushilfsweise in Ermangelung einer Muffel benutzt werden kann.

[1] Als solche käuflich (2 T. MgO, 1 T. entwässertes Na_2CO_3).

bis zur Marke[1] und hat auf diese Weise die Hälfte der Einwage in letzterem Kolben. Nunmehr entleert man diesen unter Nachspülen in ein Becherglas von etwa 10 cm Höhe (möglichst breite Form wählen!) und säuert mit Salzsäure (1,19) an, bis Lackmuspapier gerötet wird. Der Inhalt des Becherglases wird auf $^1/_3$ durch Eindampfen eingeengt und gleichzeitig dabei das überschüssige Brom vertrieben. Dies letztere wird dadurch kenntlich, daß die Lösung farblos wird. Alsdann fügt man 30 ccm heiße Chlorbariumlösung[2] tropfenweise in die kochende Lösung unter Umrühren ein. Man kocht noch weitere 5 Minuten. Nach dem Absetzen des Niederschlages filtriert man durch ein Blaubandfilter von 11 cm Durchmesser und wäscht mit heißem Wasser aus, bis Silbernitrat keine Trübung ergibt[3]. Wenn die Lösung gut konzentriert und alles Brom verjagt war, hat man ein Durchlaufen nicht zu befürchten.

Statt des unangenehm riechenden und die Atmungsorgane schädigenden Bromwassers kann man 5 ccm Perhydrol[4], d. h. 30prozentiges Wasserstoffsuperoxyd zur Oxydation benutzen. Man braucht dann nur $^1/_2$ Stunde anstatt $^3/_4$ Stunden zu kochen.

Das Filter wird feucht in einen Porzellantiegel gebracht, über dem Drahtnetz oder einem Asbestteller getrocknet, dann in der Muffel verascht, bis der Tiegelinhalt rein weiß ist.

1 g Bariumsulfat entspricht 0,1373 g Schwefel. Hat man z. B. bei 1 g Einwage und einer Teilung von 500 : 250 = 2 : 1, entsprechend 0,5 g, 0,0346 g Bariumsulfat ausgewogen, so beträgt der

Schwefelgehalt $\frac{0{,}0346}{0{,}5}\,0{,}1373 \cdot 100 = 0{,}95\,\%$.

24. Untersuchung eines einfachen Messings oder einer einfachen Bronze.

A. Bestimmung des Zinns.

Man löst 1 g Späne in einem Becherglase von etwa 5 cm Höhe, das man zunächst in eine Schale mit kaltem Wasser hält, mit 10 ccm

[1] Am besten benutzt man einen Kolben mit 2 Marken. Die obere Marke gilt für den Ausguß. Der Abstand zwischen beiden Marken stellt die Menge dar, die am Glase hängenbleibt. Man füllt den Kolben bis zur oberen Marke.

[2] Vgl. Anm. unter 15 D.

[3] Reaktion auf Chlorverbindungen.

[4] Käuflich bei E. Merck in Darmstadt.

Salpetersäure (1,4) bei aufgelegtem Uhrglase unter dem Abzuge, am besten auf dem Wasserbade, was etwa eine Viertelstunde Zeit erfordert.

Nach dem Lösen verdünnt man mit 50 ccm kochendem Wasser und filtriert die Zinnsäure unter Verwendung eines Blaubandfilters ab. Man wäscht mit salpetersäurehaltigem, heißem Wasser und dann mit heißem Wasser je 3mal aus. Das Filtrat fängt man in einem Becherglase von nicht über 10 cm Höhe auf (in Rücksicht auf die Abmessungen der hernach benutzten Elektroden). Das Filter wird in einem gewogenen Porzellantiegel verascht und der Niederschlag geglüht. Zur Auswage gelangt SnO_2.

Berechnung: 1 g SnO_2 entspricht 0,788 Sn. Bei 1 g Einwage und einer Auswage an SnO_2 von z. B. 0,1206 g ergeben sich:

$$0{,}1206 \cdot 0{,}788 \cdot 100 = 9{,}50\%\ \text{Sn}.$$

B. Bestimmung des Kupfers und des Bleies.

Beide Körper werden gemeinsam auf elektrolytischem Wege bestimmt. Das Filtrat der Zinnsäure wird in dem oben gekennzeichneten Becherglas durch Verdünnen mit warmen Wasser auf wenigstens 120 ccm gebracht, mit einigen Tropfen Schwefelsäure (1,14) versetzt und bei einer Temperatur von 60°, die durch eine kleine Spiritusflamme aufrechterhalten wird, bei 1,0 Amp. und bei 2,5—3,0 Volt der Elektrolyse unterworfen

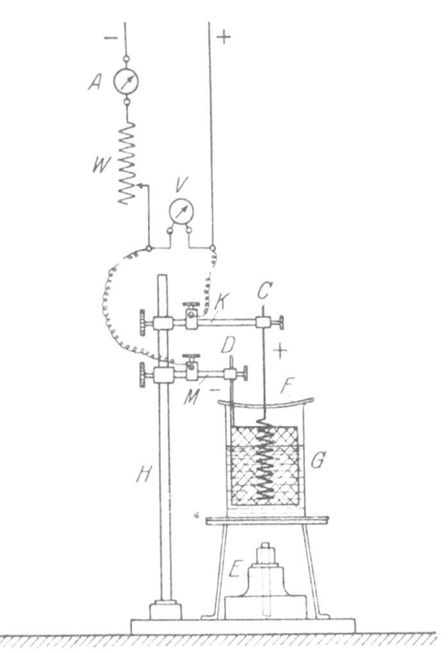

Abb. 10. Apparat zur Elektrolyse.

A = Amperemeter. *C* deutet die Platinspirale an, die als Anode in die Lösung eintaucht. *D* deutet die Zuleitung zur Kathode aus Platindrahtgewebe an, die einen Hohlzylinder bildet. *E* = Spiritusflamme. *F* = Uhrglas mit einer Aussparung, um die Elektrodendrähte hindurchzulassen. *G* = Gewöhnliches Becherglas. *H* = Stativstange aus Glas. *K* = Anodenhalter. *M* = Kathodenhalter. Beide sind durch Glas (*H*) gegeneinander isoliert. *V* = Voltmeter. *W* = Widerstand.

(Abb. 10). Als Stromquelle benutzt man einen Akkumulator, z. B. einen Bleiakkumulator, mit zwei Zellen zu je 2 Volt Spannung.

Das Kupfer geht als metallisches Cu an die Kathode (Netzelektrode aus Platin), das Blei geht als PbO_2 an die Anode (Platinspirale). Nach 1 Stunde gibt man etwa Wasser hinzu, um den Flüssigkeitsspiegel um etwa 1 cm zu heben. Nach 10 Minuten darf sich an den frisch benetzten Flächen keine weitere Abscheidung bemerkbar machen. Anderenfalls setzt man das Elektrolysieren fort und macht nach 10 Minuten dieselbe Probe.

Man hebt dann Anode und Kathode aus der Lösung heraus, ohne den Strom zu unterbrechen, und wechselt das bisher zur Fällung benutzte Becherglas gegen ein solches mit heißem Wasser aus. Den Strom schaltet man erst ab, nachdem er in diesem noch 5 Minuten gewirkt hat. Das letztere geschieht, um die Elektroden von anhaftender Säure zu befreien. Ein Abschalten des Stromes vor dem Auswechseln der Bechergläser würde zu einer Auflösung der elektrolytisch niedergeschlagenen Metalle in dem sauren Bade führen. Nunmehr werden Anode und Kathode in ein Becherglas mit Alkohol getaucht. Danach trocknet man die Kathode im Trockenschrank bei 105°, dasselbe geschieht mit der Anode, die man in ein zuvor gewogenes Wägegläschen stellt, bei 180° bis 200°, bis Gewichtskonstanz eintritt. Das letztere ist besonders bei der Anode zu beachten, weil PbO_2 das Wasser hartnäckig festhält.

Nach dem Abkühlen im Exsikkator erfolgt das Wägen.

Nach dem Wägen werden Anode und Kathode mit verdünnter Salpetersäure von den Niederschlägen befreit.

Berechnung:

Kathode + Cu Niederschlag	14,1349 g
Kathode vor der Elektrolyse	13,4136 g
Auswage an Cu	0,7213 g

das sind bei 1 g Einwage 0,7213 · 100 = **72,13% Cu**.

Anode + PbO_2 Niederschlag	9,5362 g
Anode vor der Elektrolyse	9,5192 g
Auswage an PbO_2	0,0170 g

das sind, da 1 g PbO_2 0,866 g Pb enthält, bei 1 g Einwage 0,0170 · 0,866 · 100 = **1,47% Pb**.

C. Bestimmung des Eisens und Aluminiums.

Den Inhalt der bei der Elektrolyse benutzten beiden Bechergläser vereinigt man und fällt unter kurzem Aufkochen Fe und Al mit Ammoniak aus. Der Niederschlag, der beide Hydroxyde enthält, wird im Schwarzbandfilter abfiltriert, mit heißem Wasser 6 bis 10mal ausgewaschen und im Porzellantiegel nach Veraschen und Glühen gewogen. Zur Auswage gelangt $Fe_2O_3 + Al_2O_3$.

Der Tiegel mit dem gewogenen Niederschlag wird in ein Becherglas mit Salzsäure 1,19 gebracht, und der letztere aufgelöst. Es folgt dann die Bestimmung des Fe durch Titration, wie es bei der Kupolofenschlacke beschrieben ist.

Berechnung:

Einwage	1 g
Verbrauch an $KMnO_4$ bei der Titrationn .	1,15 ccm
Fe-Titer	0,0080
Fe-Gehalt = 0,008 · 1,15 = ...	0,0092 g
	= **0,92% Fe**.
1 g Fe entspricht	1,43 g Fe_2O_3
Also Fe_2O_3-Gehalt = 0,0092 · 1,43 = 0,0132 g.	
Auswage an $Fe_2O_3 + Al_2O_3$	0,0264 g
Gehalt an Fe_2O_3, durch Titration bestimmt	0,0132 g
Unterschied = Al_2O_3	0,0132 g
1 g Al_2O_3 entspricht	0,5303 g Al
Also Al-Gehalt = 0,0132 · 0,5303 g = 0,0070 g = **0,70% Al**.	

D. Bestimmung des Zinks.

Das Filtrat des Tonerde- und Eisenniederschlags wird mit Salzsäure (1,12) neutralisiert und dann durch einen Tropfen Salzsäure wieder angesäuert. Darauf setzt man 5 g festes Ammonphosphat[1] hinzu. (Diese Menge genügt allerdings nicht immer. Es gilt die Regel: „Das Zehnfache des Gewichts an Zink", also bei z. B. 60% Zn in 1 g Probegut 6 g.) Dann stellt man das Becherglas 30 Minuten auf ein kochendes Wasserbad. Während des Erwärmens rührt man zuweilen mit dem Glasstabe, um das Ausfällen zu beschleunigen. Es fällt Zinkammonphosphat aus. Man filtriert durch einen vorher getrockneten und gewogenen Goochtiegel mit vorher getrockneter und gewogener Filtrierpapier-

[1] Als solches käuflich.

scheibe, ebenso wie bei der Graphitbestimmung im Eisen. Dann wäscht man etwa 10mal mit heißem Wasser aus, bis Silbernitrat keine Trübung ergibt[1]. Der Tiegel wird im Trockenschrank bei 105° bis zur Gewichtskonstanz getrocknet und gewogen.

Berechnung:

Gewicht des Tiegels + Scheibe + Niederschlag . .	13,6320 g
Gewicht des leeren Tiegels + Filterscheibe nach Verlassen des Trockenschrankes	13,2152 g
Unterschied = Zinkammonphosphat $ZnNH_4PO_4$ . .	0,4168 g
1 g entspricht	0,3663 g Zn

Also Zn-Gehalt = 0,4168 · 0,3663 g = 0,1528 g.

Bei 1 g Einwage: 0,1528 · 100 = **15,28% Zn**.

II. Die chemischen Vorgänge bei den einzelnen Bestimmungen.

1. Titerstellung mit Eisenoxyd (Maßanalyse).

Titrieren heißt: Eine Lösung von bekannter und durch den Titer festgelegter Wirkung in eine zu untersuchende Lösung einfließen lassen, bis eine Färbung eintritt. Die Anzahl der dazu gebrauchten Kubikzentimeter wird an der graduierten Glasröhre (der Bürette) abgelesen.

Ein Beispiel hierfür: Man stelle sich eine Eisenerzlösung in Salzsäure vor (1 g Erz ist eingewogen), welche das gesamte Eisen als Eisenchlorür (Oxydulsalz) enthält; sie ist farblos.

Wird Chamäleonlösung hinzugefügt, d. h. eine Lösung von übermangansaurem Kali, so entsteht Eisenchlorid (Oxydsalz).

Eisenchlorür Chamäleon Eisenchlorid

$$10\,FeCl_2 + 2\,KMnO_4 + 16\,HCl = 5\,Fe_2Cl_6 + 8\,H_2O + 2\,KCl + 2\,MnCl_2 .$$

Die einfließende Chamäleonlösung ist dunkelrot, wird aber zersetzt und verliert dadurch ihre Farbe. Sobald der letzte Rest Eisenchlorür verschwunden ist, fällt die Ursache der Entfärbung fort, und die Lösung wird rot.

Die zur Einleitung einer ganz schwachen Rotfärbung verbrauchten Kubikzentimeter werden notiert. Braucht das eine

[1] Reaktion auf Chlorverbindungen.

Erz doppelt so viel Kubikzentimeter wie das andere, so enthält es doppelt so viel Eisen; man weiß aber nicht, wie viel Prozent man angeben soll. Um dies zu wissen, muß man den Titer der Chamäleonlösung stellen.

Weiß man z. B., daß 1 ccm der hergestellten Chamäleonlösung einer Gewichtsmenge von 0,00800 g Eisen entspricht, so würden bei 40 ccm dieser Lösung 0,32 g Eisen in 1 g Erz sein oder 32% Eisen.

Diese Ziffer, z. B. 0,00800, wird als Titer bezeichnet.

Man löst aus technischen Gründen nicht reines Fe, sondern chemisch reines Fe_2O_3 in Salzsäure auf. Es entsteht Eisenchlorid, Fe_2Cl_6:

$$Fe_2O_3 + 6\,HCl = Fe_2Cl_6 + 3\,H_2O\,.$$

Dieses Eisenchlorid muß man vollständig in Eisenchlorür, $FeCl_2$, umwandeln, um die umseitig genannte Oxydation durch Chamäleonlösung ausführen zu können. Man setzt Zinnchlorür zu und erhält die Reaktion

$$Fe_2Cl_6 + SnCl_2 = 2\,FeCl_2 + SnCl_4\,.$$

Diese Lösung wird titriert. Der Zusatz von Quecksilberchlorid geschieht, um das überschüssige Zinnchlorür unschädlich zu machen:

$$SnCl_2 + 2\,HgCl_2 = SnCl_4 + 2\,HgCl\,.$$

Ebenso macht der Zusatz des Mangansulfats die überschüssige Salzsäure unschädlich. Die bei der Bereitung der Lösung von $MnSO_4$ eingeführte Phosphorsäure dient dazu, die Lösung während des Titrierens klar zu halten, d. h. eine Gelbfärbung durch Chloride zu unterdrücken. Der Zusatz von Zinksulfat bei Bereitung der Chamäleonlösung begünstigt das Ausfallen des störenden MnO_2, das durch Filtrieren entfernt werden muß.

Chamäleonlösung muß geschützt vor dem Lichte und gut verschlossen aufbewahrt werden (vgl. Abb. 1). Trotzdem bleibt der Titer nicht bestehen. Man muß ihn alle Monat nachprüfen.

2.—3. Siliziumbestimmung.

Fügt man nach dem Lösen des Roheisens ein Oxydationsmittel zu (Salpetersäure oder Kaliumchlorat, vgl. S. 47), so wird das Silizium zu Kieselsäure oxydiert, die zusammen mit dem Graphit abfiltriert wird.

$$4\,HNO_3 + Si = 2\,H_2O + SiO_2 + 4\,NO_2 \text{ (Stickstoffdioxyd).}$$
$$KClO_3 + Si + 2\,HCl = KCl + H_2O + SiO_2 + Cl\,.$$

Ein Teil der Kieselsäure bleibt aber gelöst. Um auch diesen unlöslich zu machen, muß man so weit eindampfen, daß alle Salzsäure und Salpetersäure verschwunden und nur Schwefelsäure übriggeblieben ist, deren Anwesenheit sich durch Bildung starker weißer Nebel bemerkbar macht. Die Kieselsäure ist bei diesem Verfahren wasserfrei und dadurch unlöslich geworden. Die Schwefelsäure hat ihr dabei das chemisch gebundene Wasser entzogen.

Beim Glühen im Tiegel verbrennt das Filter und der Graphit., und man kann die Kieselsäure wägen. Das Gewicht der Filterasche kann man vernachlässigen. Wird größere Genauigkeit verlangt, so kann man den Tiegelinhalt mit Flußsäure abrauchen, wie es im ersten Teil unter 3 beschrieben ist.

$$SiO_2 + 4\,HF = SiF_4 + 2\,H_2O.$$

Es entsteht dabei gasförmiges Siliziumfluorid, während die Verunreinigungen infolge des Zusatzes von Schwefelsäure als Sulfate zurückbleiben, dann aber durch starkes Glühen unter Luftzutritt wieder in ihren alten Zustand zurückgeführt und als Oxyde gewogen werden.

Chemische Reaktionen bei der Si-Bestimmung im Ferrosilizium, unter Anwendung von Natriumsuperoxyd.

A. Schmelze mit Natriumsuperoxyd. Es wird Sauerstoff aus dem Superoxyd abgegeben, um Fe und Si zu oxydieren:

$$2\,Fe + 3\,Na_2O_2 = Fe_2O_3 + 3\,Na_2O\,,$$

$$Si + 2\,Na_2O_2 = 2\,Na_2OSiO_2\,.$$

Natronsilikat.

B. Nach Wasserzugabe:

$$3\,Na_2O + 3\,H_2O = 6\,NaOH\,.$$

Natronlauge.

Überschüssiges Na_2O_2 wird dabei zerlegt:

$$Na_2O_2 + H_2O = 2\,NaOH + O\,.$$

Sauerstoffentwicklung.

C. Nach Zugabe von HCl:

$$Fe_2O_3 + 6\,HCl = Fe_2Cl_6 + 3\,H_2O\,.$$

(Starke Reaktionswärme!)

Die Kieselsäure ist zunächst in einem wasserlöslichen Natronsilikat gebunden. Dies wird durch HCl in Chlornatrium und gallertartiges $Si(OH)_4$ zerlegt. Letzteres muß durch Entziehen des chemisch gebundenen Wassers in unlösliches SiO_2 übergeführt werden. Man muß daher zur Staubtrockene eindampfen und sogar darüber hinaus erhitzen.

4. Manganbestimmung.

Das Lösen und Oxydieren geschieht im Simme der folgenden Reaktionen:

$$Fe + 2\,HCl = FeCl_2 + 2\,H\,,$$

$$2\,FeCl_2 + 2\,HNO_3 + 2\,HCl = Fe_2Cl_6 + 2\,H_2O + 2\,NO_2\,.$$

Stickstoffoxyd.

Bei der Oxydation durch chlorsaures Kali $KClO_3$[1] entsteht statt des Stickstoffdioxyds freies Chlor dadurch, daß der entwickelte Sauerstoff die überschüssige Salzsäure zerlegt.

In beiden Fällen wirken die in der Lösung absorbierten Gase auf die Chamäleonlösung ein und müssen durch Kochen entfernt werden.

Ein Überschuß an Salpetersäure ist beim Oxydieren ängstlich zu vermeiden, weil diese ebenfalls auf Chamäleonlösung einwirkt.

Löst man manganhaltiges Roheisen in Salzsäure, so erhält man Eisen chlorür und Mangan chlorür. Oxydiert man diese Lösung z. B. durch Salpetersäure, so erhält man Eisenchlorid; Manganchlorür ($MnCl_2$) bleibt aber bestehen, weil die Verbindung Mn_2Cl_6 gar nicht existiert.

Auf dieses Manganchlorür wirkt nun Chamäleonlösung ein, und man kann aus der Zahl der bis zur Rotfärbung verbrauchten Kubikzentimeter den Mangangehalt angeben.

Manganchlorür Chamäleon Mangansuperoxyd

$$\mathbf{3\,MnCl_2} + 2\,KMnO_4 + 2\,H_2O = \mathbf{5\,MnO_2} + 2\,KCl + \mathbf{4\,HCl}\,.$$

Schreibt man hierunter die Eisentitrationsformel:

$$10\,FeCl_2 + 2\,KMnO_4 + 16\,HCl = \ldots$$

so sieht man, daß 2 $KMnO_4$ auf 3 Atome (165 g) Mangan ebenso wirken, wie auf 10 Atome (559 g) Eisen.

Der Titer auf Mangan ist also $= \frac{165}{559} = 0{,}2952$ des Eisentiters.

Man stellt also eine Lösung des Roheisens in Salzsäure her, die man zunächst unter Kochen mit Salpetersäure oxydieren muß, damit Eisenchlorid entsteht. Nunmehr kann die Chamäleon-

[1] Man oxydiert mit $KClO_3$, wenn der Eisengehalt so niedrig ist, daß man den Farbenumschlag beim Eintropfenlassen der Salpetersäure nicht mehr erkennen und daher einen Überschuß nicht vermeiden kann.

lösung nicht mehr auf Eisen einwirken, denn sie wirkt nur auf Eisenchlorür (vgl. unter 1). Man muß aber die Salzsäure abstumpfen, da diese auf das bei der Titration entstehende Mangansuperoxyd unter Chlorentwicklung einwirken würde.

Es geschieht, da Ammoniak und andere Basen nicht anwendbar sind, durch aufgeschlämmtes Zinkoxyd.

$$2\,HCl + ZnO = ZnCl_2 + H_2O\,.$$

Man muß aber einen Überschuß von ZnO haben, da auch bei der Titration Salzsäure erzeugt wird. Um diesen Überschuß zu haben, muß nicht nur die überschüssige Salzsäure zerlegt, sondern auch das gesamte Eisen als Eisenhydroxyd ausgefällt werden:

$$Fe_2Cl_6 + 3\,ZnO + 3\,H_2O = 2\,Fe(OH)_3 + 3\,ZnCl_2\,.$$

Dieses Eisenhydroxyd fällt in großen Flocken aus, und erst nachdem alles ausgefällt ist, zeigt sich überschüssiges weißes Zinkoxyd am Boden. Dieser Überschuß darf aber nur gering sein.

Es ist nicht unbedingt nötig den Eisenniederschlag abzufiltrieren, sondern nur dann, wenn Chrom vorhanden ist. Man erhält in diesem Falle zu hohe Werte. Da man aber nie wissen kann, ob Chrom vorhanden ist, so ist in der Beschreibung das Abfiltrieren vorgeschrieben; um so mehr als sich dann das Verfahren für Anfänger leichter, wenn auch etwas zeitraubender gestaltet.

Da das zuvor eingesetzte überschüssige Zinkoxyd auf dem Filter bleibt, muß man durch einen neuen Zusatz von ZnO zum Filtrat dafür sorgen, daß die beim Titrieren gebildete Salzsäure abgestumpft wird. Man bedarf aber nur einer geringen Menge für diesen Zweck.

5. Phosphorbestimmung.

Die Reaktionen beim Lösen des Eisens siehe bei der Manganbestimmung.

Fügt man einer phosphorhaltigen Eisenlösung, die man oxydiert hat, Ammoniak und Molybdänsäure zu, so entsteht ein gelber Niederschlag, ein Doppelsalz verwickelter Natur, das in reinem Wasser löslich, aber in salpetersäure- oder salpeterhaltigem Wasser unlöslich ist.

Vorbedingung ist also, daß der Phosphor in seiner Gesamtheit oxydiert ist, was durch Salpetersäure nicht vollständig geschieht. Man kocht deshalb die Lösung mit konzentrierter Chamäleonlösung, wobei ein schmutzig-brauner Niederschlag von Mangansuperoxyd entsteht, der erst wieder unter Zuhilfenahme von Chlorammonium unter Kochen gelöst werden muß. Nachdem die Lösung vollständig klar geworden ist, fügt man Molybdatlösung hinzu, indem man gleichzeitg durch Zusatz von Ammoniumnitratlösung dem Trüblaufen des Filters vorbeugt. Der gelbe Niederschlag darf nicht zu heiß und auf keinen Fall in kochender Lösung erzeugt werden, weil sonst Molybdänsäure ausfällt.

Ein anderes Hilfsmittel, um den Phosphor vollständig zu oxydieren, ist ein Eindampfen der Eisenlösung zur Staubtrockne und ein längeres Erhitzen in höherer Temperatur, wie es bei der Bestimmung der Kieselsäure geübt wird. Man kann daher das Filtrat der Kieselsäurebestimmung unmittelbar zur Phosphorbestimmung benutzen. Man erwärmt also die Lösung und fügt Ammonnitrat und Molybdänlösung ein. Nach Erfahrungen des Verfassers ist es aber unbedingt notwendig, zuvor in einer Schale auf etwa 10 ccm einzuengen.

Die Weiterbehandlung des gelben Niederschlags geschieht auf maßanalytischem Wege. Sie beruht auf der Zersetzung des Niederschlags durch Natronlauge, im Sinne eines Vorgangs, bei dem 46 NaOH auf 2 P einwirken[1].

Normallösungen stellt man her, indem man z. B. 40 g (entsprechend dem Molekulargewicht) NaOH oder 49 g H_2SO_4 (auch entsprechend dem Molekulargewicht) in 1 l Wasser löst. 1 ccm der letzteren Lösung neutralisiert 1 ccm der ersteren. Dies bleibt natürlich auch bei gleichartiger Verdünnung, in unserem Falle 1:5, bestehen. Hat man also beim Lösen des gelben Niederschlags einen Überschuß von Natronlauge gebraucht, so kann man ihn einfach mit Schwefelsäure zurücktitireren, muß aber eine Indikatorflüssigkeit anwenden, die eine Färbung erzeugt, solange basische Beschaffenheit besteht, aber in neutraler oder saurer Flüssigkeit farblos ist. Man wählt Phenolphthaleïn. Lackmuslösung würde nicht empfindlich genug sein.

Die Berechnung geschieht im Sinne der obigen Angabe. Es sind

$$2 \cdot 31 = 62 \text{ g P} \quad \text{und} \quad 46 \cdot 40 \text{ g} = 1840 \text{ g NaOH}$$

einander gleichwertig.

In 1 l Normalnatronlauge sind 40 g NaOH, in 1 ccm bei einer Verdünnung von 1 : 5 0,008 g NaOH, entsprechend

$$0{,}008 \cdot \frac{62}{1840} = 0{,}00027 \text{ g P.}$$

[1] Classen: Quantitative Analyse. 7. Aufl. S. 230.

6. und 7. Schwefelbestimmung im Eisen,

nach Schulte.

Löst man Eisen in einem Kolben mit Salzsäure unter bestimmten Verhältnissen auf, so entweicht der gesamte Schwefel als Schwefelwasserstoff ($Fe + 2\,HCl + S = FeCl_2 + H_2S$), den man in Kadmiumazetatlösung auffängt. ($Cd(H_3C_2O_2)_2 + H_2S = CdS + 2\,H_4C_2O_2$). Man muß dabei die Konzentration der zum Lösen benutzten Salzsäure so gestalten, daß nicht auch andere gasförmige Schwefelverbindungen entstehen, die auf Kadmiumazetat nicht einwirken. Dies ist von Schulte berücksichtigt. Deshalb darf man auch nicht das Probegut anfeuchten.

Es bildet sich in der Vorlage Schwefelkadmium als gelber Niederschlag. Da dieser zum Wägen nicht geeignet ist, so führt man ihn bei der **gewichtsanalytischen** Bestimmung in Schwefelkupfer über, indem man eine Lösung von Kupfersulfat einträgt:

$$CdS + CuSO_4 = CuS + CdSO_4 .$$

Den schwarzen Schwefelkupferniederschlag filtriert man ab, kann aber beim Veraschen des Filters doch nicht vermeiden, daß der Schwefel in Form von SO_2 verflüchtigt wird, und verwandelt deshalb von vornherein den Niederschlag in Kupferoxyd, indem man beim Glühen durch Schrägstellen den Luftzutritt begünstigt:

$$CuS + 3\,O = CuO + SO_2 .$$

Dieses CuO wird gewogen. Ein Platintiegel ist aber dabei nicht zu verwenden, weil er durch Schwefelkupfer zerstört wird. Solange Filterkohle vorhanden ist, darf die Temperatur nicht zu hoch sein, um einer Reduktion zu metallischem Kupfer vorzubeugen.

Bei der **maßanalytischen** Schwefelbestimmung setzt man zunächst Jod zu und dann erst Salzsäure, um den durch die Umsetzung mit HCl entstehenden Schwefelwasserstoff sofort zu zerlegen und das H an J zu binden. Freies Jod färbt Stärkekleister blau.

Hat man eine genau abgemessene Menge Jod zugefügt und titriert nun mit einer gleichwertigen Lösung den Überschuß zurück, so gewinnt man einen Maßstab für das zur Zersetzung des H_2S gebrauchte Jod und damit auch für die Menge des Schwefels.

$CdS + 2\,HCl = CdCl_2 + H_2S$ und $H_2S + 2\,J = S + 2\,HJ$.

Der Schwefel scheidet sich in der Lösung aus, ohne zu stören. Das nicht zur Zersetzung benutzte Jod ist frei und färbt die zugesetzte Stärkelösung blau. Es wird durch die gleichwertige Thiosulfatlösung zurücktitriert:

$$2\,Na_2S_2O_3 + 2\,J = 2\,NaJ + Na_2S_4O_6\,.$$

Ist alles freie Jod umgewandelt, so verschwindet die Blaufärbung. Man hört dann mit dem Zusatz der Thiosulfatlösung auf. Dabei muß ein Überschuß von letztgenannter Lösung ängstlich vermieden werden. Man muß so titrieren, daß ein Tropfen Jodlösung sogleich wieder Blaufärbung hervorruft. Jodlösung und Thiosulfatlösung sind so aufeinander eingestellt, daß 1 ccm der einen Lösung 1 ccm der anderen aufhebt.

8.—10. Gesamtkohlenstoff- und Graphitbestimmung im Eisen.

Kohlenstoffbestimmung nach Särnström.

Löst man Roheisen in heißer Salpetersäure, so wird nur ein Teil des Kohlenstoffes gelöst, und zwar der gebundene, während Graphit ungelöst bleibt und abfiltriert werden kann.

Hierauf beruht die Graphitbestimmung, die im Sinne der Beschreibung des Verfahrens keiner Erläuterung bedarf.

Will man den gesamten Kohlenstoff bestimmen, so muß man ein Lösungsmittel verwenden, dem auch der Graphit nicht widerstehen kann. Es ist dies konzentrierte Schwefelsäure im Gemisch mit Chromsäure. Letztere gibt Sauerstoff ab, der in statu nascendi den Kohlenstoff oxydiert:

$$CrO_3 + H_2SO_4 = CrSO_4 + H_2O + 2\,O\,,$$
$$C + O_2 = CO_2\,.$$

Da aber ein Teil des Kohlenstoffes in Form von Kohlenwasserstoffen entweicht, so muß man diese durch glühendes Kupferoxyd zu CO_2 verbrennen:

$$4\,CuO + CH_4 = CO_2 + 2\,H_2O + 4\,Cu\,.$$

In gleicher Weise werden die aus dem Schwefel des Eisens gebildeten Schwefelverbindungen oxydiert und die aus ihnen gebildete Schwefelsäure in der Winklerschen Schlange aufgefangen.

Die Kohlensäure wird im Sinne der unten folgenden Gleichungen an Natronkalk gebunden. Es entsteht Natrium- + Kalziumkarbonat. Der gleichzeitig aus dem H-Gehalt des Eisens gebildete Wasserdampf, der auch vom Natronkalk aufgenommen werden würde, wird in einer Winklerschen Schlange in konzentrierter Schwefelsäure aufgefangen. Durch Einführen eines Luftstromes müssen die kohlensäurehaltigen Gase, die sich nach dem Lösen noch im Kolben befinden, ausgetrieben werden. Die einzuführende Luft muß durch Vorschalten eines Gefäßes mit Natronkalk oder Kalilauge kohlensäurefrei gemacht werden. Der Lösungskolben muß anfangs gekühlt werden, damit die Gasentwicklung nicht zu stürmisch erfolgt

Die Umsetzung des Natrium-Kalziumhydroxyds in die entsprechenden Karbonate erfolgt im Sinne der beiden folgenden Formeln:

$$2\,NaOH + CO_2 = Na_2CO_3 + H_2O\,,$$
$$Ca(OH)_2 + CO_2 = CaCO_3 + H_2O\,.$$

Das dabei innerhalb der Röhrchen freiwerdende Wasser darf in diesem Falle nicht der Wägung entzogen werden. Es wird deshalb in Chlorkalzium aufgefangen, das oben den Natronkalk bedeckt. Würde dies versäumt werden, so würde ein Fehler entstehen.

Der Gewichtsunterschied der beiden U-Röhren mit Natronkalk vor und nach der Bestimmung gibt die Gewichtsmenge der Kohlensäure bzw. des Kohlenstoffes an. Das dritte U-Röhrchen soll ein Übertreten der feuchten Luft aus dem Aspirator in die anderen U-Röhrchen verhindern.

Temperkohle wird dem Graphit zugezählt. Es gibt kein Trennungsverfahren für beide Körper. Streng genommen müßte man also sagen „die Bestimmung des Graphits + Temperkohle".

Kohlenstoffbestimmung durch Verbrennen im Sauerstoffstrom.

Erhitzt man Eisen und leitet Sauerstoff darüber, so wird das Eisen selbst und seine Begleiter oxydiert. Der Kohlenstoff verbrennt ausschließlich zu Kohlensäure. Man kann diese Kohlensäure im Sinne des Verfahrens bei der Gasanalyse von Kalilauge absorbieren lassen, oder auch im Sinne des eben beschriebenen Verfahrens in einem Röhrchen mit Natronkalk auffangen. Im letzteren Falle stellt man die Gewichtszunahme der Röhrchen fest.

Die Verbrennung des Eisens im elektrisch geheizten Ofen setzt einige Vorsichtsmaßregeln voraus, die damit rechnen, daß der handelsmäßig gelieferte Sauerstoff nicht ganz rein ist. Man muß ihn deshalb durch eine mit Kalilauge gefüllte Waschflasche schicken; diese befreit den Sauerstoff von Kohlensäure. Eine

Waschflasche mit Schwefelsäure befreit ihn von mitgeführtem Wasserdampf.

Eine zu hohe oder zu schnell gesteigerte Temperatur darf man bei der Verbrennung nicht anwenden, weil sonst die Gefahr besteht, daß Teile des Probegutes von Fe_3O_4 eingeschlossen werden und sich der Verbrennung entziehen.

Bei dem gewichtsanalytischen Verfahren sei auf die vorige Seite verwiesen. Man muß bei ihm auch damit rechnen, daß der Schwefelgehalt im Eisen die Entstehung von SO_2 bewirkt, das mit der Kohlensäure zusammen von Natronkalk aufgenommen wird. Daher ist ein Gläschen mit Chromsäure vorgeschaltet, um SO_2 aufzufangen und in Chromisulfat überzuführen. Bei der gewichtsanalytischen Methode muß auch jede Feuchtigkeit, die bei der Verbrennung des Eisens entsteht, unschädlich gemacht werden. Diese Feuchtigkeit entsteht dadurch, daß der in dem Eisen gelöste Wasserstoff oxydiert wird. Man fängt den Wasserdampf in Schwefelsäure mit Hilfe der Winklerschen Schlange und in einem U-Röhrchen mit Chlorkalzium auf. Die mit Schwefelsäure gefüllte Vorlage am Schluß verhindert, daß während eines Stillstandes Wasserdampf und Kohlensäure aus der Luft in die Natronkalkröhrchen eintreten.

11. Kupferbestimmung.

Das sonst übliche Verfahren der Kupferbestimmung läuft darauf hinaus, daß man Kupfer aus salzsaurer Lösung durch Einleiten von Schwefelwasserstoff als CuS ausfällt. Dieses ausgefällte CuS ist immer eisenhaltig. Man muß es auflösen und das Eisen durch Fällung mit Ammoniak auscheiden und dann die Fällung mit Schwefelwasserstoff wiederholen.

Um dieses umständliche Verfahren zu umgehen, wird Natriumthiosulfat als Fällungsmittel in schwefelsaurer Lösung angewendet. Dabei fällt kein Eisen aus. Diese Fällung geschieht im Sinne der beiden Formeln:

$$2\,CuSO_4 + 2\,Na_2S_2O_3 + H_2O = Cu_2S_2O_3 + 2\,Na_2SO_4 + H_2SO_4 + S$$

und

$$Cu_2S_2O_3 + H_2O = Cu_2S + H_2SO_4\,.$$

Man ersieht, daß die Umsetzung nicht unmittelbar vor sich geht, sondern unter Bildung von Cuprothiosulfat, das dann zusammen mit Wasser sofort Cuprosulfid und Schwefelsäure bildet. Man ersieht auch, daß sich Schwefel ausscheidet, der die Schleier

(Schwaden) bildet, von der bei der Beschreibung des Verfahrens die Rede war. Ebenso erfährt auch das überschüssige Natriumthiosulfat im Sinne der hierunter stehenden Formel unter Ausscheidung von Schwefel eine Umsetzung:

$$Na_2S_2O_3 + H_2SO_4 = Na_2SO_4 + SO_2 + S + H_2O\,.$$

Cu_2S wird geglüht und dadurch in CuO übergeführt.

Wie bei der gewichtsanalytischen Schwefelbestimmung im Eisen muß man beim Glühen Vorsicht walten lassen (vgl. bei 6).

12. Nickelbestimmung.

Das Nickel wird als eine verwickelte Verbindung, die durch die Formel

$$NiC_8H_{14}N_4O_4$$

gekennzeichnet wird, gefällt, indem Dimethylglyoxim eingetragen wird. Vorbedingung ist, daß das Eisen verhindert wird, mitzufallen. Dies geschieht durch das Eintragen von Weinsäure, welche weinsaures Eisen bildet, das in Lösung bleibt, auch wenn diese ammoniakalisch gemacht wird.

13. Chrombestimmung.

Das Chrom befindet sich als Chromosulfat, $CrSO_4$, in der schwefelsauren Lösung. Durch Zusatz von Kaliumpermanganatlösung wird es im Sinne der hier folgenden Formel

$$2\,CrSO_4 + 2\,FeSO_4 + 2\,KMnO_4 + 2\,H_2SO_4 = 2\,H_2CrO_4 + Fe_2(SO_4)_3 + K_2SO_4 + 2\,MnSO_4$$

zu Chromsäure oxydiert. Ein anderes Oxydationsmittel ist hier nicht wirkungsvoll genug. Das überschüssige Kaliumpermanganat muß aber entfernt werden, da es im weiteren Verlaufe stören würde.

Dies geschieht durch Kochen der Lösung, wobei sich durch Zerlegung des überschüssigen Kaliumpermanganats Braunstein = MnO_2 ausscheidet. Dieser muß abfiltriert werden, um eine klare Lösung zu erhalten. Das vorhergehende Kochen muß so lange fortgesetzt werden, bis alles $KMnO_4$ zerlegt und die Lösung nicht mehr rot, sondern gelb bis gelbrot gefärbt ist. Das in ihr enthaltene Eisenoxydsulfat ist im weiteren Verlaufe an den Vorgängen unbeteiligt. Dasselbe gilt von den Verbindungen des Mn und P. Trägt man nun Eisensulfatlösung ein, so wird diese durch die Chromsäure oxydiert, indem letztere in Chromoxyd übergeht:

$$2\,H_2CrO_4 + 6\,FeSO_4 + 6\,H_2SO_4 = Cr_2(SO_4)_3 + 3\,Fe_2(SO_4)_3 + 8\,H_2O\,.$$

Die ursprünglich gelbe Lösung wird infolge der Umsetzung grün. Daran erkennt man, daß genug Eisensulfat zugefügt ist. Das überschüssige Eisensulfat muß nunmehr zurücktitriert werden, und zwar geschieht dies durch Chamäleonlösung im Sinne der bekannten Formel:

$$10\,FeSO_4 + 2\,KMnO_4 + 8\,H_2SO_4 = 5\,Fe_2(SO_4)_3 + 8\,H_2O + K_2SO_4 + 2\,MnSO_4\,.$$

Man könnte sich mit dieser Titration begnügen, wenn der Titer der $FeSO_4$Lösung beständig genug wäre. Das ist aber nicht der Fall. Man muß ihn infolgedessen in jedem Falle neu feststellen.

Aus der obengenannten Formel ersieht man, daß 6 Fe und 2 Cr gleichwertig sind, oder $6 \cdot 55{,}85$ g Fe und $2 \cdot 52{,}0$ g Cr.

1 g Fe entspricht also $\frac{2 \cdot 52{,}0}{6 \cdot 55{,}85} = 0{,}31$ g Cr.

Dieser Faktor wird zur Berechnung angewendet.

14. Analyse des Zuschlagkalksteins.

Bei der Bestimmung des Glühverlustes werden das Wasser verdampft, die organischen Bestandteile verbrannt, während die Karbonate unter CO_2-Abscheidung in die Oxyde umgewandelt werden:

$$CaCO_3 = CaO + CO2\,.$$

Das Chlorammonium wirkt nur auf CaO und MgO, die in Chloride umgewandelt werden, ein, während die andern Oxyde nicht zersetzt werden. Die Umsetzung erfolgt nach der Gleichung:

$$CaO + 2\,NH_4Cl = CaCl_2 + 2\,NH_3 + H_2O\,.$$

Es entweicht NH_3; das Verschwinden des NH_3-Geruchs zeigt die Beendigung der Reaktion an.

Aus schwach ammoniakalischer Lösung erfolgt die Fällung des Kalks als Oxalat:

$$CaCl_2 + (NH_4)_2C_2O_4 = \underset{\text{Kalziumoxalat}}{CaC_2O_4} + 2\,NH_4Cl\,.$$

Durch den Zusatz von Schwefelsäure wird das Kalziumoxalat in Kalziumsulfat und Oxalsäure zersetzt. Letztere wird durch Kaliumpermanganat unter Entweichen von CO_2 zerlegt:

Kalziumoxalat Oxalsäure

$$CaC_2O_4 + H_2SO_4 = CaSO_4 + H_2C_2O_4$$

$$5\,H_2C_2O_4 + 2\,KMnO_4 + 3\,H_2SO_4 = 10\,CO_2 + K_2SO_4 + 2\,MnSO_4 + 8\,H_2O\,.$$

Schreibt man diese Formeln unter die bekannte Eisentitrationsformel, so ersieht man, daß 5 CaC_2O_4 und 10 Fe die gleiche Menge Kaliumpermanganat beanspruchen. Da das Molekulargewicht des CaO = 56, also gleich dem Atomgewicht des Eisens ist, ergibt sich der Titer der Kaliumpermanganatlösung für CaO gleich der Hälfte des Eisentiters.

Die Fällung des Magnesiums erfolgt als Magnesium-Ammoniumphosphat nach der Gleichung

$$MgCl_2 + Na_2HPO_4 + NH_3 = MgNH_4PO_4 + 2\,NaCl\,.$$

Beim Glühen zerfällt dieser Niederschlag unter Verflüchtigen von NH_3 in Magnesiumpyrophosphat $Mg_2P_2O_7$, das gewogen wird:

$$2\,MgNH_4PO_4 = Mg_2P_2O_7 + 2\,NH_3 + H_2O\,.$$

15. und 16. Analyse der Kupolofenschlacke.

Nach dem Aufschluß mit Natriumsuperoxyd, Na_2O_2, hat man alle Körper als Oxyde in der Schmelze.

Fügt man nunmehr Wasser und dann Salzsäure hinzu, so gehen sie sämtlich in Lösung, auch die Kieselsäure, die im Alkalisilikat gebunden wird. Sie muß erst durch Eindampfen zur Staubtrockne im gleichen Sinne wie bei der Si-Bestimmung im Ferrosilizium in ihrem ganzen Betrage unlöslich gemacht werden.

Die Reaktionen bei der Auflösung der Schmelze in Wasser und in Salzsäure lassen eine starke Reaktionswärme erkennen, die auf die Bildung von Natriumhydroxyd und verschiedenen Chlorverbindungen von Fe, Mn, Ca, Mg, Al zurückzuführen ist. Bei der Zersetzung des überschüssigen Natriumperoxyds durch Wasser wird O frei (vgl. unter 3).

Bestimmung der Tonerde.

Sie wird aus der essigsauren Lösung des Aluminiumchlorids als Aluminiumphosphat, das in Essigsäure unlöslich ist, im Sinne der folgenden Reaktion gefällt:

$$AlCl_3 + 2\,Na_2HPO_4 = AlPO_4 + 3\,NaCl + NaH_2PO_4\,.$$

Durch gleichzeitig eingesetztes Natriumthiosulfat wird dabei Fe_2Cl_6 in $FeCl_2$ verwandelt. Dies geht mit Phosphorsäure keine Verbindung ein, so daß Fe nicht mit ausfällt. Der Geruch nach SO_2 und der ausgeschiedene Schwefel rührt von der Zersetzung des überschüssigen Natriumthiosulfats durch HCl ($Na_2S_2O_3 + 2\,HCl = 2\,NaCl + SO_2 + S + H_2O$) her.

Bestimmung von CaO und MgO.

Bei der Fällung mit Schwefelammon werden Eisen und Mangan als Sulfide, Aluminium als Oxydhydrat abgeschieden und dadurch die Fällung des CaO durch Ammonoxalat vorbereitet. Im übrigen kann auf die Untersuchung des Kalksteins verwiesen werden.

Bestimmung des Schwefels.

Der gesamte Schwefel ist infolge der Einwirkung des Peroxyds als Sulfat vorhanden. Man fällt mit Hilfe von Chlorbarium in Siedehitze aus saurer Lösung $BaSO_4$ (vgl. unter 23).

Bestimmung des Eisens.

Die Lösung der Schmelze enthält Glühspansplitter des Tiegels und kann nicht benutzt werden. Man muß deshalb eine besondere Probe einwägen und im Becherglas in Salzsäure unter Zusatz von Flußsäure lösen. Es wird das Eisensilikat dabei zerlegt, indem sich flüchtiges Siliziumfluorid bildet und das Eisen zur Lösung freigibt. Es entsteht $FeCl_2$, und unter dem Einfluß des Luftzutritts z. T. auch Fe_2Cl_6, das durch Zinnchlorür reduziert werden muß. Man titriert mit Chamäleonlösung in gleichem Sinne, wie es bei der Titerstellung unter 1 beschrieben ist.

Bestimmung des Mangans.

Auch diese muß in gesonderter Lösung geschehen. Beim Oxydieren darf man nicht Salpetersäure anwenden, weil es nicht möglich ist einen Überschuß zu vermeiden. Das Ende der Reaktion ist bei der geringen Eisenmenge nicht erkennbar. Man muß also Kaliumchlorat anwenden und die Chlordämpfe wegkochen.

17. und 18. Feuerfestes Material und Formsand.

Vgl. unter 15 und 16.

19. Kohlenstoffbestimmung im Graphit.

Vgl. unter 8 bis 10.

20. und 21. Feuchtigkeits- und Aschenbestimmung im Koks oder in der Kohle.

Sie bedürfen keiner Erläuterung.

22. Analyse der Koksasche.

Vgl. unter 15 und 16.

23. Schwefelbestimmung im Koks, Graphit und in der Kohle,

nach Eschka.

Verbrennt man die getrocknete, feingepulverte Substanz, innig gemischt mit Kalium-Natriumkarbonat und Magnesia, im Tiegel unter Luftzutritt, so wird der gesamte Schwefel in Kalium- und Natriumsulfid gebunden und dadurch vor Verflüchtigung und Oxydation geschützt.

Das Gemisch von Kaliumkarbonat, Natriumkarbonat und Magnesia in bestimmten Anteilziffern nennt man Eschka-Mischung (käuflich). Die Alkalikarbonate schließen die Aschenkörper auf; dabei werden die unlöslichen Silikate in lösliche Alkalisilikate übergeführt, und die Schwefelbestandteile der Einwirkung zugänglich. Magnesia dient nur zur Auflockerung, um den Luftzutritt zu begünstigen.

Durch Kochen mit Bromwasser werden die Sulfide in Sulfate verwandelt:

$$K_2S + 8\,Br + 4\,H_2O = K_2SO_4 + 8\,HBr\,.$$

Durch Kochen mit Perhydrol geschieht dasselbe

$$K_2S + 4\,H_2O_2 = K_2SO_4 + 4\,H_2O\,.$$

Nachdem man darauf mit Salzsäure angesäuert und das überschüssige Brom oder Wasserstoffsuperoxyd durch Kochen entfernt hat, fügt man unter besonderen Vorsichtsmaßregeln Chlorbarium hinzu und erzielt einen weißen Niederschlag von Bariumsulfat, den man wägt:

$$K_2SO_4 + BaCl_2 = BaSO_4 + 2\,KCl\,.$$

Das Ansäuern mit Salzsäure ist notwendig, weil sonst beim Zusatz von Chlorbarium Bariumkarbonat zusammen mit $BaSO_4$ ausfallen würde

$$K_2CO_3 + BaCl_2 = BaCO_3 + 2\,KCl\,.$$

24. Analyse eines einfachen Messings oder einer einfachen Bronze.

Beim Lösen in Salpetersäure bilden sich neben unlöslichem SnO_2 (Zinnsäure) lösliche Nitrate aller anderen Metalle. SnO_2 wird abfiltriert und als solches gewogen. Die elektrolytische Bestimmung des Cu und Pb beruht auf dem Vorgange, daß eine Lösung, die Metallsalze enthält, durch den elektrischen Strom zerlegt wird und sich die Metalle an dem Minuspol (Kathode) abscheiden.

Eisen und Aluminium werden durch Ammoniak als Hydroxyde gefällt:

$$Fe(NO_3)_3 + 3\,NH_4OH = Fe(OH)_3 + 3\,NH_4NO_3\,,$$
$$Al(NO_3)_3 + 3\,NH_4OH = Al(OH)_3 + 3\,NH_4NO_3\,.$$

Die Hydroxyde werden in Oxyde durch Glühen übergeführt und ihre Gewichtsmenge festgestellt. Drauf löst man wieder in HCl und bestimmt Fe durch Titration, wie unter 1 angegeben.

Zink wird als Zinkammoniumphosphat gefällt und als solches gewogen:

$$Zn(NO_3)_2 + (NH_4)_3PO_4 = ZnNH_4PO_4 + 2\,NH_4NO_3\,.$$

III. Allgemeine Anweisungen für die einzelnen chemischen Operationen.

a) Probenahme und Probegut. Auf die richtige Probenahme kommt sehr viel an. Ein Versehen dabei bedingt meist größere Abweichungen als ein Versehen bei der Durchführung der Bestimmung.

Roheisen und Stahl haben keine einheitliche Zusammensetzung. Je nachdem man oben oder unten oder von der Seite anbohrt, erhält man stark abweichende Ergebnisse.

Handelt es sich um die Einhaltung einer bestimmten chemischen Zusammensetzung, so muß die Art der Probenahme vereinbart werden, und diese womöglich bei Anwesenheit beider Vertreter der beteiligten Firmen geschehen.

Am besten bohrt man von oben nach unten durch das Stück hindurch, indem man es auf eine Unterlage von Glanzpapier legt. Nur dann, wenn der Kohlenstoff in Frage kommt, muß man eine Unterlage aus Weißblech wählen und zum Auffangen der Späne benutzen. Die an der Oberfläche entnommenen Späne sind verunreinigt und müssen verworfen werden.

Sehr schwer ist es, Verstaubungsverlusten von Graphit zu begegnen und anderseits Fehlern vorzubeugen, die dadurch entstehen, daß zuviel Graphitstaub in das Probegut gelangt. Man sucht bei graphitreichem Eisen möglichst grobe Späne zu erhalten, die man mit der Pinzette auf das Uhrglas legt oder man siebt die feinen Späne zusammen mit dem Graphitstaub ab und verwendet nur das auf dem Siebe verbliebene. Die feinen Späne würden einen zu hohen Kohlenstoffgehalt ergeben.

Weißes Roheisen läßt sich nicht bohren. Man muß an verschiedenen Stellen Stücke abschlagen und im sogenannten Diamantmörser[1] zerkleinern.

Neuerdings hat man allerdings Bohr- und Drehstähle, die auch das härteste Roheisen und den härtesten Stahl angreifen[2].

Von der Probenahme des Koks und Kohle war bei der Bestimmung der Feuchtigkeit die Rede (No. 20). Man benutzt zur Zerkleinerung eine Mühle[3] oder auch einen gewöhnlichen Porzellanmörser von etwa 25 cm Durchmesser.

b) Filtereinsetzen. Man falte das Filter nach Abb. 11 und setze es in den Glastrichter unter Anfeuchten und Anpressen des Randes ein. Der Papierrand soll ungefähr 5—10 mm vom Glasrande entfernt sein. Man filtriere nicht eher, bis man das Filter auf gutes Laufen mit Wasser geprüft hat. Manchmal gelingt es nicht — dann falte man anders oder nehme einen anderen Trichter. Auf richtig geformte Trichter muß man Wert legen.

c) Auswaschen. Man lasse die Lösung immer vollständig ablaufen und gehe mit dem Strahl der Spritzflasche ein- bis zwei-

---

[1] Solche Stahlmörser sind in den Preislisten jeder Handlung für chemische Geräte abgebildet. Man wähle einen Pistilldurchmesser von nicht weniger als 25 mm.

[2] Schnelldrehstahl und auch Stellit und Akrit der Dortmunder Union in Dortmund für ganz schwierige Fälle.

[3] Solche Mühlen sind in den Preislisten jeder Handlung für chemische Geräte abgebildet.

mal im Kreise herum, indem man ihn auf die Grenze von Papier und Glas richtet. Dann ablaufen lassen und wiederholen.

d) Pipetten, Büretten, Meßkolben müssen trocken sein. Sind sie es nicht, so spüle man sie mit der betreffenden Lösung zweimal aus. Beim Auslaufenlassen der Pipette schließe man sie oben mit dem Finger und erwärme den erweiterten Teil mit der Hand. Alle zu messenden Lösungen müssen Zimmertemperatur haben. Bei undurchsichtigen Flüssigkeiten gilt die Marke für den oberen Meniskus, bei durchsichtigen für den unteren Meniskus (Abb. 12). Bei Meßkolben darf der Stopfen nicht eher aufgesetzt werden, bis die Flüssigkeit erkaltet ist, auch muß er vor dem Erhitzen der Flüssigkeit entfernt werden.

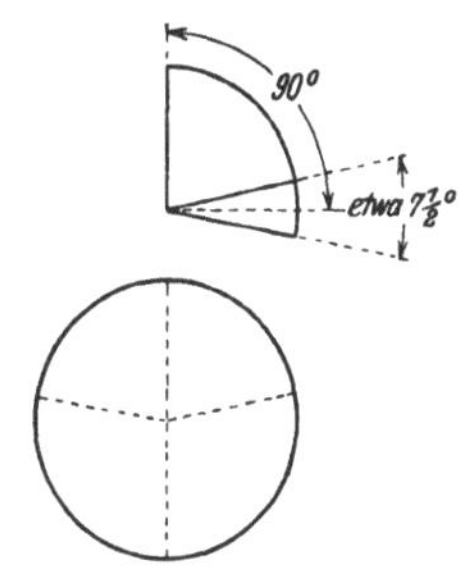

Abb. 11. Falten des Filters.

e) Säuren werden durch das spezifische Gewicht gekennzeichnet, z. B. Salzsäure (1,19) bedeutet Salzsäure vom spez. Gew. 1,19. Beim Verdünnen von Säuren muß man die Säure in das Wasser gießen und nicht umgekehrt. Im letzteren Falle würde besonders bei Schwefelsäure eine solche Temperatursteigerung erfolgen, daß sie Gefahr bringt.

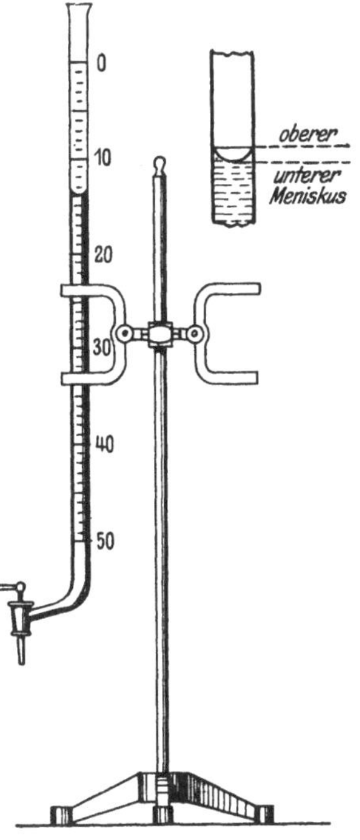

Abb. 12. Bürette.

f) Tiegel. Man kann Porzellantiegel immer benutzen, nur nicht beim Aufschließen durch Schmelzen oder bei Verwendung von Flußsäure. Man kann fast immer den Tiegel mit Inhalt wägen, den letzteren herausbürsten, um darauf den leeren Tiegel zu wägen. Nur dann, wenn die Tiegelwand mit dem Inhalt zusammenschmilzt, ist dies nicht angängig. Man muß dann den leeren Tiegel zuvor wägen. Anderseits schmilzt häufig etwas aus der Muffel mit dem Tiegel zusammen und befürwortet das erstgenannte Verfahren, das ein Glühen des leeren Tiegels (5 Minuten) unnötig macht. Das letztere findet statt, um Feuchtigkeit und organische Substanz zu beseitigen.

Platingeräte sind heute unerschwinglich teuer. Ihre Benutzung ist deshalb bei allen beschriebenen Verfahren umgangen. (Nur die Elektrolyse macht eine Ausnahme.) Beim Aufschließen durch Schmelzen ist der Eisentiegel an die Stelle des Platintiegels gesetzt. Allerdings hat dieser den Nachteil, daß Glühspansplitter in die Schmelze gelangen und ihren Eisen- und Mangangehalt fälschen. Dieser Nachteil wird dadurch umgangen, daß eine gesonderte Eisen- und Manganbestimmung im Becherglase mit Flußsäure ausgeführt wird.

Sollten Platingeräte vorhanden sein, so mögen die folgenden Ausführungen gelten:

Platintiegel haben den Vorzug, daß man ihr Leergewicht als konstanten Wert einsetzen kann. Sie dürfen im Rahmen dieser Verfahren nicht zum Glühen von Sulfiden, z. B. Kupfersulfid, und zum Glühen von SnO_2 und zum Aufschließen mit Natriumsuperoxyd benutzt werden[1]. Sie sind auch sehr empfindlich gegen leuchtende Flamme und dürfen deshalb nicht mit dem blauen Kegel im Inneren der Gasflamme in Berührung kommen. Es bildet sich sonst Platinkohlenstoff und der Tiegelboden wird brüchig. Dies gilt auch für das Erhitzen in der Muffel, weil Schamotte durchlässig ist, auch die Muffel meist Risse hat.

g) Exsikkatoren sind mit Chlorkalzium gefüllte Gefäße; sie sollen die zu wägenden Niederschläge trocken halten. Man setzt die Tiegel warm ein und läßt sie mindestens 10 Minuten, aber jedenfalls bis zur Abkühlung auf Zimmertemperatur, darin.

h) Vor dem Wägen bestimme man jedesmal den Nullpunkt der Wage durch eine Schwingungsbeobachtung. Weicht der so ermittelte Nullpunkt zu sehr von dem normalen ab, so deutet dies auf eine Störung, die beseitigt werden muß.

Das Auflegen und Abnehmen der zu wiegenden Gegenstände und der Gewichte darf nur bei festgelegtem Wagebalken vorgenommen werden. Die endgültige Wägung muß stets bei ge-

---

[1] Auch dürfen leichtschmelzige Metalle, z. B. Pb, nicht im Platintiegel geglüht oder geschmolzen werden. Dasselbe gilt von deren Oxyden in Gegenwart von Kohle. Schmelzen, die beim Auflösen mit HCl Chlor entwickeln, z. B. solche, die Manganoxyde enthalten, gefährden gleichfalls den Platintiegel.

schlossenem Wagenkasten geschehen, um Störungen durch Luftzug und Körperwärme zu vermeiden. Die Gewichte dürfen nur mit der Pinzette aufgesetzt werden. Die Wagen und Gewichte müssen peinlich sauber gehalten werden, Staubteilchen sind vorsichtig mit einem Pinsel zu entfernen.

i) Das Auflösen des Probeguts muß wegen der unangenehmen Gase immer unter dem Abzuge geschehen. Dies ist auch unbedingt erforderlich, wenn mit Salpetersäure oder Kaliumchlorat oder Brom oxydiert wird oder Flußsäure zur Anwendung kommt. Flußsäure und Flußsäuredämpfe sind eine Gefahr für die Lunge, die Augen und die Hände. An letzteren können sie sehr häßliche Geschwüre erzeugen. Es ist daher große Vorsicht geboten.

k) Das Einsetzen der Tiegel in die Muffel und ebenso das Herausnehmen soll bei kalter oder schwach erhitzter Muffel geschehen, um bequem und sicher mit der Zange arbeiten zu können. Das Anheizen der Muffel muß langsam erfolgen und erfordert etwa 10 Minuten, ebenso das Abkühlen.

l) Man soll ein Becherglas womöglich ohne Anwendung des Glasstabes entleeren. Man muß dann den Ausguß mit Fett bestreichen. Bei Porzellanschalen kann man allerdings den Glasstab nicht entbehren.

m) Chamäleonlösung und Molybdänlösung müssen ebenso wie Jodlösung und rauchende Salpetersäure (auch Normalsalpetersäure zum Titrieren) geschützt vor dem Lichte aufbewahrt werden, am besten in Flaschen, die mit Papier beklebt oder aus dunklem Glase gefertigt sind. Für Chamäleonlösung und Molybdänlösung bedient man sich außerdem eines Holzkastens (Abb. 1).

n) Man vermeide es, Reagenzien aus den Meßgläsern in die Reagensflaschen zurückzugießen. Der Verlust ist nicht so schwerwiegend wie die Gefahr, daß durch Verwechslung der ganze Inhalt der Reagensflasche entwertet wird und zu Irrtümern führen kann. Man klemmt beim Ausgießen den Flaschenstopfen zwischen die Finger (legt ihn nicht auf den Tisch).

o) Man beschleunigt die Verbrennung des Filters im Tiegel durch Schrägstellen des letzteren unter Anlehnen des Deckels, so daß ein Luftstrom in den Tiegel geführt wird. Solange die Kohlenwasserstoffe brennen, zieht man die Flamme fort. Um Verstaubungsverlusten vorzubeugen, setzt man das Filter noch feucht, mit der Spitze nach oben, in den Tiegel ein; muß allerdings bei Porzellantiegeln erst vorsichtig bei geringer Temperatur, am besten auf einem Asbestteller, trocknen, bis das Papier anfängt zu rauchen, um ein Springen zu verhüten.

p) Ein Absetzenlassen des Niederschlags beschleunigt immer das Filtrieren und gewährleistet besseres Auswaschen. Läuft ein Niederschlag trübe, so gibt man das Filtrat wieder auf und erreicht es meist, daß sich die Filterporen schließen und das Durchlaufen aufhört.

q) Filter. Man verwendet Schwarzbandfilter (Bezugsquelle: Schleicher & Schüll in Düren) überall da, wo nicht ausdrücklich Blaubandfilter genannt sind. Letztere kommen zur Anwendung, wenn ein Trüblaufen zu befürchten ist. Das Gewicht der Filterasche braucht im allgemeinen wegen seiner Geringfügigkeit nicht berücksichtigt zu werden. Sollte es notwendig sein, so findet man es auf den Umschlägen der Filterpäckchen angegeben.

r) Wasser. Unter Wasser ist immer destilliertes Wasser zu verstehen, falls nicht ausdrücklich Leitungswasser gesagt ist.

s) Von Normallösungen war bei der Phosphorbestimmung die Rede.

t) Aräometer sind Instrumente, die, in der Flüssigkeit schwimmend, eintauchen. Die Tauchtiefe wird an einer Skala abgelesen und gibt unmittelbar das spez. Gewicht der Flüssigkeit an.

Berichtigung.

Auf Seite 8 muß es bei der Berechnung des Mangangehalts statt 200 ccm 100 ccm heißen.

Osann, Leitfaden, 3. Aufl.

Handbuch der Eisen- und Stahlgießerei. Unter Mitarbeit von zahlreichen Fachleuten herausgegeben von Prof. Dr.-Ing. **C. Geiger,** Eßlingen.

Erster Band: **Grundlagen.** Zweite, erweiterte Auflage. Mit 278 Abbildungen im Text und auf 11 Tafeln. X, 661 Seiten. 1925. Gebunden RM 49.50

Zweiter Band: **Formen und Gießen.** Von Ing. **Carl Irresberger,** Gießereidirektor a. D., Salzburg. Mit 1702 Abbildungen im Text. X, 584 Seiten. 1927. Gebunden RM 57.—

Dritter Band: **Schmelzen, Nebenbetrieb und Nacharbeiten.** Von Prof. Dr.-Ing. **C. Geiger,** Eßlingen. Erscheint Ende 1928

Blöcke und Kokillen. Von **A. W.** und **H. Brearley.** Deutsche Bearbeitung von Dr.-Ing. **F. Rapatz.** Mit 64 Abbildungen. IV, 142 Seiten. 1926. Gebunden RM 13.50

Die Edelstähle. Ihre metallurgischen Grundlagen. Von Dr.-Ing. **F. Rapatz,** Leiter der Versuchsanstalt im Stahlwerk Düsseldorf, Gebr. Böhler & Co., A.-G. Mit 93 Abbildungen. VI, 219 Seiten. 1925. Gebunden RM 12.—

Rostfreie Stähle. Berechtigte deutsche Bearbeitung der Schrift „Stainless Iron and Steel" von **J. H. G. Monypenny** in Sheffield. Von Dr.-Ing. **Rudolf Schäfer.** Mit 122 Textabbildungen. VIII, 342 Seiten. 1928. Gebunden RM 27.—

Der Elektrostahl. Von **Frank T. Sisco.** Ins Deutsche übersetzt und bearbeitet von Dipl.-Ing., Dr.-Ing. **St. Kriz,** Düsseldorf-Obercassel. Mit etwa 90 Abbildungen. Erscheint im Winter 1928/29

Die Herstellung des Tempergusses und die Theorie des Glühfrischens nebst Abriß über die Anlage von Tempergießereien. Handbuch für den Praktiker und Studierenden. Von Dr.-Ing. **Engelbert Leber.** Mit 213 Abbildungen im Text und auf 13 Tafeln. VIII, 312 Seiten. 1919. Gebunden RM 18.—

Stahl- und Temperguß. Ihre Herstellung, Zusammensetzung, Eigenschaften und Verwendung. Von Prof. Dr. techn. **Erdmann Kothny.** Mit 55 Figuren im Text und 23 Tabellen. 68 Seiten. 1926. (Heft 24 der „Werkstattbücher".) RM 2.—

Gesunder Guß. Eine Anleitung für Konstrukteure und Gießer, Fehlguß zu verhindern. Von Prof. Dr. techn. **Erdmann Kothny.** Mit 125 Figuren im Text und 14 Tabellen. 70 Seiten. 1927. (Heft 30 der „Werkstattbücher".) RM 2.—

Der bildsame Zustand der Werkstoffe. Von Dr.-Ing. **A. Nádai,** a. o. Professor an der Universität Göttingen. Mit 298 Textabbildungen. VIII, 171 Seiten. 1927. RM 15.—; gebunden RM 16.50

Materialprüfung mit Röntgenstrahlen unter besonderer Berücksichtigung der Röntgenmetallographie. Von Dr. **Richard Glocker,** Professor für Röntgentechnik und Vorstand des Röntgenlaboratoriums an der Technischen Hochschule Stuttgart. Mit 256 Textabbildungen. VI, 377 Seiten. 1927. Gebunden RM 31.50

Moderne Metallkunde in Theorie und Praxis. Von Ober-Ing. **J. Czochralski.** Mit 298 Textabbildungen. XIII, 292 Seiten. 1924. Gebunden RM 12.—

Lagermetalle und ihre technologische Bewertung. Ein Hand- und Hilfsbuch für den Betriebs-, Konstruktions- und Materialprüfungsingenieur. Von Oberingenieur **J. Czochralski** und Dr.-Ing. **G. Welter.** Zweite, verbesserte Auflage. Mit 135 Textabbildungen. VI, 117 Seiten. 1924. Gebunden RM 4.50

Mechanische Technologie der Metalle in Frage und Antwort. Von Prof. Dr.-Ing. **E. Sachsenberg,** Dresden. Mit zahlreichen Abbildungen. VI, 219 Seiten. 1924. RM 6.—; gebunden RM 7.50

Festigkeitseigenschaften und Gefügebilder der Konstruktionsmaterialien. Von Prof. Dr.-Ing. **C. Bach** und Prof. **R. Baumann,** Stuttgart. Zweite, stark vermehrte Auflage. Mit 936 Figuren. IV, 190 Seiten. 1921. Gebunden RM 18.—

Probenahme und Analyse von Eisen und Stahl. Hand- und Hilfsbuch für Eisenhütten-Laboratorien. Von Professor Dipl.-Ing. **O. Bauer** und Professor Dipl.-Ing. **E. Deiß.** Zweite, vermehrte und verbesserte Auflage. Mit 176 Abbildungen und 140 Tabellen im Text. VIII, 304 Seiten. 1922. Gebunden RM 12.—

Die Theorie der Eisen-Kohlenstoff-Legierungen. Studien über das Erstarrungs- und Umwandlungsschaubild nebst einem Anhang: Kaltrecken und Glühen nach dem Kaltrecken. Von **E. Heyn** †, weiland Direktor des Kaiser-Wilhelm-Instituts für Metallforschung. Herausgegeben von Prof. Dipl.-Ing. **E. Wetzel.** Mit 103 Textabbildungen und XVI Tafeln. VIII, 185 Seiten. 1924. Gebunden RM 12.—